A PROPOS DU TRANSCONTINENTAL

Où donc est mon délit ?

« Qu'on me donne l'action la plus
« excellente et pure, ie m'en voys y
« fournir vraysemblement cinquante
« vicieuses intentions. »

MONTAIGNE. (Liv. I, Ch. 36.)

PAR A. CRAMPON

ANCIEN CORRESPONDANT FINANCIER DE JOURNAUX

PRIX : 50 CENTIMES

PARIS
IMPRIMERIE Ve ÉTHIOU-PÉROU
RUE DAMIETTE, 2 ET 4

1873

www.ingramcontent.com/pod-product-compliance
Ingram Content Group UK Ltd.
Pitfield, Milton Keynes, MK11 3LW, UK
UKHW012042240726
13965UKWH00003B/982

9 782013 457019

A Ceux qui ouvriront cette Brochure.

Faites à ces lignes l'aumône de votre attention, bien qu'elles aient le tort d'être d'un condamné écrivant pour *soi*. — Pauvre travail du reste, quant à la forme, dressé tout de travers, en trois jours, sans divisions, sans étages, sans plan, enfin tout rempli de *lapsus* et d'aspérités à la surface, en un mot, véritable besogne de maçon. Quoique dressé de travers, il tient debout cependant, parce que les matériaux qui y sont employés, pierres et ciment, sont de bonne qualité, — celles-là s'appelant : FAITS AUTHENTIQUES, — celui-ci : VULGAIRE BON SENS.

Conciergerie, 12 Mai 1873.

Où donc est mon délit ?

A PROPOS DU TRANSCONTINENTAL

Où donc est mon délit ?

« Qu'on me donne l'action la plus
« excellente et pure, ie m'en voys y
« fournir vraysemblement cinquante
« vicieuses intentions. »

MONTAIGNE. (Liv. I, Ch. 36.)

PAR A. CRAMPON

ANCIEN CORRESPONDANT FINANCIER DE JOURNAUX

PRIX : 50 CENTIMES

PARIS
IMPRIMERIE Ve ÉTHIOU-PÉROU
RUE DAMIETTE, 2 ET 4

1873

I

Je demande justice ; je demande aux magistrats devant lesquels j'interjette appel de dégager nettement et de préciser la part exacte de mon rôle dans l'affaire du Transcontinental.

L'INSTRUCTION a duré trois ans et, pendant l'instruction, j'ai toujours ignoré sur quels actes à moi personnels elle prétendait baser l'existence du délit d'escroquerie qu'elle m'imputait.

Je ne dirai point que j'interroge en vain ma conscience et que celle-ci ne me reproche rien, pas même de la légèreté, pas même de l'imprudence, pas même une seule irrégularité. La magistrature n'a rien à voir dans ce domaine d'ordre purement moral.

Mais je dirai : « Aujourd'hui que je suis con-
« damné à quatre années de prison, je place sous
« mes regards le jugement qui me frappe et me flétrit,
« je l'analyse ligne à ligne, j'y cherche pour quels
« faits personnels je suis frappé, par quels actes j'ai
« participé à une escroquerie; quelles manœuvres
« frauduleuses me sont imputées; quel lien m'unit
« aux délits commis en Amérique, s'il y a eu là des
« délits commis; quel lien m'unit aux délits commis
« en France, s'il y a eu là des délits commis; —
« j'y cherche tout cela, et je ne trouve pas dans
« ce jugement un seul paragraphe d'où se dégage
« un motif de condamnation. Mon nom se rencontre
« çà et là mêlé aux noms des autres prévenus, *il ne*
« *se rencontre jamais là où le jugement précise un*
« *fait délictueux*. »

Simple intermédiaire entre une Compagnie qui cherchait des banquiers et un banquier qui cherchait des affaires, j'ai stipulé une commission d'intermédiaire. L'accusation ne me reproche pas cette stipulation, bien qu'en réalité ce soit là l'unique cause des malheurs qui me frappent et de l'animosité des porteurs de bonds du Transcontinental, déçus dans leurs espérances par la chute de la Compagnie. — Cette commission était-elle trop élevée? était-elle abusive? Qui songerait à le dire, à le penser même, si l'affaire n'eût pas mal tourné? J'en appelle à tout le monde des affaires, une commission de 2 °/₀ est-elle normale ou anormale (1)?

Or, si la stipulation et la perception de cette commission d'intermédiaire ne sont pas incriminées, par quel fil mystérieux me rattache-t-on aux actes blâmables que tels ou tels ont commis, puisque mon rôle unique a été de servir d'intermédiaire entre une Compagnie et un banquier et de toucher, *non sur les fonds de la Compagnie*, mais de la main du banquier, la commission stipulée *ad hoc*.

II

Voici, en ce qui me concerne, comment les faits se sont passés.

MM. Lissignol et de Blonay, au nom de M. Probst, agent officiel de la Compagnie, me prièrent, en juillet 1868, de chercher un banquier pour le placement de bonds dont ils m'expliquèrent le mécanisme de garantie, me représentant du reste la Compagnie comme

(1) Qui donc aujourd'hui, dans le monde des affaires, consentirait, après l'exemple du Transcontinental et en présence des responsabilités naguère imprévues que l'insuccès d'une entreprise fait peser sur le simple intermédiaire d'un traité, qui donc aujourd'hui consentirait à trouver un banquier pour une Compagnie pour une commission *aléatoire* de 2 °/₀ ?

fusionnée avec d'autres Sociétés en pleine exploitation.

Je ne suis pas banquier, je n'avais jamais lancé personnellement d'affaires, j'avais l'intention de ne jamais en émettre, j'avais d'ailleurs le sentiment de mon impuissance à placer quoi que ce fût dans le public, n'ayant ni bureaux, ni personnel, ni journal à Paris, ni même les fonds nécessaires à la première mise de jeu d'une grosse émission.

Je n'ai donc jamais pu avoir même l'idée d'être le banquier et l'émetteur des bonds.

Je n'avais donc aucun renseignement précis et authentique à exiger. Exiger ces renseignements appartenait au rôle du banquier que je trouverai.

Seulement, je demandai une référence, — non pas, je le répète, pour m'éclairer personnellement sur les détails de l'affaire, ce qui était le devoir exclusif du banquier qui se chargerait de l'émettre dans le public, — mais uniquement parce que les noms de MM. Lissignol et de Blonay ne devaient pas suffire, selon moi, à déterminer un banquier, quel qu'il fût, à consacrer un temps plus ou moins long à l'étude d'une opération financière présentée par eux.

Ce fut alors qu'on me conduisit chez M. Gauldrée-Boileau, consul général de France à New-York. Je ne lui demandai pas de détails, je le répète. Je me contentai de lui demander : « Connaissez-vous

« la Compagnie du Memphis-El-Paso? » Il me répondit : « Oui. » — « Est-elle dans une bonne situa-« tion? » Il me répondit : « Oui. » — « En un mot, « est-ce une affaire telle que je puisse la proposer « à des banquiers, sans encourir de ridicule auprès « d'eux et sans avoir l'air d'un *colporteur* d'affaires? » M. Gauldrée-Boileau me répondit : « Oui. »

A cela se bornaient mes renseignements. Ils eussent été insuffisants si j'eusse dû être l'émetteur des bonds; ils suffisaient au rôle modeste, que je devais toujours garder jusqu'à l'heure des poursuites judiciaires. M. Gauldrée-Boileau ne me dit pas qu'il fût intéressé dans l'entreprise. Bien loin de là! M. Lissignol lui demanda pardon du dérangement que lui causait notre visite. Je sortis donc de chez M. Gauldrée-Boileau convaincu qu'il s'agissait d'une entreprise sérieuse et *favorablement connue* (rien de plus! rien de moins!) du représentant des intérêts commerciaux français aux États-Unis. Si j'eusse pu soupçonner les liens qui unissaient M. Gauldrée-Boileau à l'entreprise, tout consul général qu'il était, ses affirmations n'eussent pas eu pour moi plus de poids que celles du premier venu. Je ne l'acceptais comme référence que parce que, précisément, je le supposais désintéressé et que sa position officielle ne pouvait laisser même naître le soupçon qu'il se mêlât de chemins de fer.

III

Une fois certain que je pouvais proposer l'opération ici ou là, sans être ridicule, je songeai à mes intérêts. Plusieurs fois j'avais rempli un rôle identique à celui qu'on sollicitait de moi, cette fois encore, et avec succès; j'avais toujours été trompé au moment de toucher les commissions. Autant on est facile et généreux envers les intermédiaires quand il ne s'agit que de promesses, autant on est avare quand il s'agit de les réaliser. Je cherchai donc une combinaison qui, en cas de succès, me mît à l'abri de toute chicane de mauvais aloi. Je la trouvai, cette combinaison; elle consistait à faire intervenir mon nom dans le traité comme touchant 2 °/₀ en sus des 60 °/₀ touchés par la Compagnie. Cette combinaison sauvegardait mes intérêts, en cas de succès; et c'est elle en réalité qui m'a conduit à l'abîme.

J'exigeai, avant toute démarche auprès d'un banquier, j'exigeai de MM. Lissignol et de Blonay, qui, *eux*, refusaient de m'allouer une commission, *sous prétexte que la Compagnie devait toucher* **intégralement** *60 °/₀ du nominal des bonds en dollars à 5 15*, j'exigeai qu'ils prissent l'engagement de ne traiter avec le banquier que je leur présenterai qu'à la condition que le banquier paierait 62 du nominal, au lieu de 60, ce qui ne léserait en rien la Compagnie et ne ferait qu'atténuer les bénéfices du banquier.

MM. Lissignol et de Blonay prirent cet engagement par une lettre du 9 juillet 1868.

Ce fut quelque temps après que j'offris l'affaire à M. Paradis. Il demanda un travail sommaire sur la Compagnie. M. LISSIGNOL LE RÉDIGEA. C'est la petite brochure de 8 pages à couverture verte, imprimée à 25 exemplaires livrés le 19 août 1868 (comme l'atteste l'imprimerie Balitout au verso de l'exemplaire possédé par l'instruction). Tous les exemplaires existent encore, sauf ceux du dépôt et sauf un exemplaire remis à M. Paradis, un autre à M. Probst, un autre à M. Lissignol. — M. Lissignol dit : « Je n'ai pas publié de brochure. » Cela est vrai, puisqu'il n'y a jamais eu de brochure livrée par qui que ce soit à la publicité. Mais il y a eu le travail manuscrit de M. Lissignol qu'on a fait imprimer au lieu de le faire copier, pour la plus grande commodité du banquier. M. Lissignol sait parfaitement qu'il n'y a pas un mot, un point, une virgule qui ne soient de lui. La date même de l'impression l'indique; elle coïncide avec celle de la signature du traité entre les agents de la Compagnie et le banquier et elle est de dix mois antérieure à l'émission.

M. Paradis, après avoir pris connaissance du

travail *manuscrit* de M. Lissignol (M. Paradis me demanda précisément de le faire copier ou imprimer parce que le travail était presque indéchiffrable à cause des surcharges) et surtout après avoir appris que le Consul général de France à New-York m'avait donné des renseignements généraux favorables sur le crédit de la Compagnie, consentit à signer le traité du 17 août 1868, à la condition toutefois que ce traité n'aurait son effet que si les bonds étaient admis à la cote de Paris. Et si M. Paradis exigeait cela, ce n'était pas qu'il eût besoin que les bonds fussent cotés pour les placer. D'ordinaire, on ne cote les valeurs qu'après qu'elles sont émises. C'était pour se dégager de toute responsabilité morale à propos d'une affaire aussi lointaine et pour être bien certain d'être en face d'une Société sérieuse. Ce n'était pas la cote des bonds eux-mêmes que voulait le banquier, c'était un certificat d'examen préalable de la Compagnie par des gens officiels en mesure d'avoir tous les renseignements. Précaution malheureuse, prudence funeste, car si le banquier ne s'en fût rapporté qu'à lui pour étudier l'affaire, selon toute probabilité, il eût demandé des renseignements directs à New-York, et ne se fût jamais occupé du Memphis-El-Paso.

M. Probst, au moment de signer, manifesta de son côté une exigence toute personnelle. Toujours sous le prétexte mensonger que la Compagnie recevrait intégralement 60 °/₀ du nominal, et n'entrerait pour rien dans les frais de bureau, de correspondances, de voyages, de dépêches, qui seraient faits par lui Probst, jusqu'au jour de la mise en vigueur du traité, il demande que M. Paradis se charge à tout hasard de ces frais. M. Paradis refusa net. Mais M. Paradis consentit 1/2 °/₀ en faveur de M. Probst, donnant ainsi à M. Probst plus qu'il ne demandait, dans le cas où le traité aurait son effet, mais ne déboursant rien d'avance à l'aventure dans le cas où le traité resterait lettre morte.

Le traité du 17 août 1868, bien que mon nom y figure *n'est pas resté une seule seconde à ma charge*. Les signatures du traité et du transfert ont été données simultanément. Je n'y suis qu'un intermédiaire, je n'y suis pas un titulaire.

IV

A partir du 17 août 1868, je ne me suis plus occupé de l'affaire. Je m'y intéressais fort peu et n'y pensais pas plus qu'à cinq ou six autres traités plus ou moins analogues, mais tous aussi problématiques quant à l'exécution.

Jamais je n'ai reçu une lettre du général Frémont, une lettre d'Auffermann, de Curtius, ou de Snethen ou de tout autre agent de la Compagnie à

New-York. Jamais je n'ai eu de rapports avec les Américains. Jamais M. Lissignol ne m'a montré même de correspondances venant d'Amérique. Une seule fois M. Probst m'invita à dîner pour me présenter un riche banquier de New-York, intéressé dans le Memphis-El-Paso. C'était M. Auffermann. On ne parla pas même de l'affaire pendant cinq minutes. En effet, je ne saurais trop le dire, une fois le traité transféré à M. Paradis, M. Paradis était tout, je n'étais plus rien ; j'étais la cinquième roue d'un carrosse.

Le traité du 17 août devenait nul, si la cote n'était pas obtenue dans un délai de quatre mois. Elle ne le fut pas, puisque le 16 décembre 1868, M. Probst sollicita de M. Paradis un nouveau délai de quatre mois, qui lui fut accordé.

Pas plus avant qu'après ce renouvellement, on ne trouve, ni par écrit, ni par témoignages verbaux, la moindre trace de mon immixtion dans les démarches faites en Amérique ou en France, quel qu'en ait été l'objet. Le bon sens indique même qu'on avait intérêt à me céler prudemment toutes les difficultés qui se pouvaient produire, car j'en aurais fait part à M. Paradis. Il y avait un homme qu'on avait bien plus besoin de tromper que qui que ce soit, c'était le banquier, qui s'imaginait pouvoir dormir tranquillement sur l'oreiller de la cote officielle. Comment oser imaginer que M. Paradis, qui refusait dix fois plus d'émissions qu'il n'en acceptait,

ait pu être initié aux procédés honteux qui devaient servir à exécuter une clause qu'il exigeait précisément comme une garantie de moralité et de crédit ! Comment imaginer qu'on ait eu le front de m'initier moi-même à ces turpitudes, moi qui avais procuré le banquier !

De même, en ce qui concerne les fameux traités de construction, « *destinés*, dit l'accusation, *à créer* « *l'intérêt français* » pour obtenir la cote, on ne trouve nulle part, ni de loin, ni de près, ma participation. Je n'y ai contribué en rien ; j'ai appris leur existence longtemps après qu'ils avaient été faits. Et d'ailleurs ces traités étaient passés bien moins pour « *créer le prétendu intérêt français,* » que pour tromper le banquier.

Les agents de la Compagnie m'avaient affirmé et avaient affirmé au banquier que la Compagnie touchait 60 °/₀ en dollars à 5 fr. 15 c., et qu'ils n'avaient point de commission. Les traités des constructeurs étaient un artifice immonde pour corroborer cette affirmation, puisque dans ces traités on livrait les bonds aux constructeurs, exactement au prix que le banquier devait payer à la Compagnie. En un mot, les agents de la Compagnie *semblaient* faire ce que font beaucoup de Sociétés avec leurs entrepreneurs, c'est-à-dire leur donner en paiement leurs obligations à un cours en s'assurant en même temps le concours d'un banquier qui les leur reprend exactement au prix où elles leur ont été données. Aussi la clause scandaleuse de ces traités est-elle restée secrète jusqu'aux débats de première instance, cette clause qui annulait le paiement de moitié en bonds à 60 °/₀ et le remplaçait par un paiement total en espèces. C'est qu'il s'agissait surtout pour les agents de la Compagnie de cacher au banquier le prélèvement de 6 °/₀ que les agents français de la Compagnie devaient s'attribuer comme commission sur les 60 °/₀ que moi simple intermédiaire d'une part, et M. Paradis le banquier, d'autre part, étions convaincus devoir aller intégralement à la Compagnie.

Oui! la grande préoccupation des agents de la Compagnie était de cacher au banquier leur commission de 6 °/₀, parce qu'ils savaient que, si le banquier l'eût connue, que si même moi, qui n'étais plus rien dans le traité, je l'eusse connue, jamais l'affaire ne se ferait. En voyant prélever 6 °/₀ par deux des agents de la Compagnie, on eût été amené à se demander si d'autres agents ne touchaient pas 8 °/₀ sur le reste à New-York, si d'autres ne touchaient pas 10 °/₀ au Texas. Les agents de la Compagnie comprenaient bien de quelle importance était pour eux de tenir leurs 6 °/₀ à l'état de mystère, à mon endroit et à l'endroit du banquier. Aussi M. Probst ne fournit-il, pour l'annexer au traité du 17 août 1868, qu'un *extrait* notarié de ses pouvoirs, *extrait* où es pouvoirs sont définis, mais où il n'est question d'aucune rémunération. M. Probst se disait, en effet, salarié de la Compagnie. De plus, c'est encore sous prétexte de l'absence de toute commission pour lui, que M. Probst obtenait de M. Paradis, dans le traité du 17 août 1868, la clause de cette attribution du *demi* pour cent dont il devait faire un si étrange emploi. Enfin M. Lissignol se donnait comme désintéressé en dehors de ses espérances de devenir l'ingénieur en chef de la Compagnie chargé des achats de matériel en Europe. — Il se posait si bien comme ne devant toucher aucune commission, sauf le partage du 1/2 pour cent de M. Probst, qu'il exigeait de moi que je lui abandonnasse le *tiers* des deux pour cent de ma commission d'intermédiaire, exigence que je parvins à modifier en transformant le *tiers* de la totalité en *deux tiers* de la seconde moitié, cette modification m'assurant l'intégralité des 2 °/₀ jusqu'à concurrence de la moitié. Et c'est en raison même de cette cession d'une part de mes 2 °/₀ d'intermédiaire à M. Lissignol que M. Paradis, facilement généreux, comme on l'est quand il s'agit de bénéfices très-problématiques et peu probables, m'accorda par une lettre du 15 janvier 1869 un dixième de ses propres bénéfices qu'il réaliserait dans l'opération. Oui! j'ai cherché à obtenir comme intermédiaire le plus possible. Oui! je me suis efforcé d'entourer de toutes garanties le mode de paiement des 2 °/₀, que je me croyais loyalement et légitimement attribués, en cas de succès! Mais est-ce là un délit? est-ce même une faute, alors surtout que l'intermédiaire ne touche rien de l'argent de la Compagnie et ne prend ses 2 °/₀, que sur les bénéfices que le banquier réalisera. C'est une grosse somme : voilà le crime. Mais cette somme pouvait être insignifiante. La rémunération était proportionnelle aux seuls titres dont le banquier prendrait livraison. On pourrait avoir dans sa poche vingt traités de cette espèce et mourir sur la paille. Le hasard a voulu, pour moi, hasard dont je gémis assez, qu'entre sept à huit traités de ce genre devenus lettre morte le traité du Memphis-Pacific eût son effet, sinon entier du moins partiel pour une forte fraction.

On ne trouve donc trace d'aucune immixtion de ma part dans les agissements des agents de la Compagnie, soit en France, soit en Amérique, à partir de la signature du traité. Je n'étais initié à rien de ce qui se passait. Parfois, mais pour des motifs tout-à-fait étrangers au Memphis-Pacific, — je voyais M. Lissignol qui se bornait à me dire : « L'affaire du « Memphis va bien. Je sais que vous êtes incrédule ; « mais qui vivra verra. »

V

Le 5 ou 6 mars 1869, je fus demandé par M. Lissignol, chez lui, un matin. J'y trouvai M. Probst, M. Lissignol, M. Fourquenod et enfin M. Gauldrée-Boileau, *que je fus très-surpris de rencontrer là* ET QUE JE N'AVAIS PAS VU DEPUIS LE JOUR OU L'ON M'AVAIT MENÉ CHEZ LUI A VERSAILLES, COMME RÉFÉRENCE.

Ces Messieurs m'annoncèrent qu'ils allaient avoir la cote officielle à Paris. Je haussai les épaules en souriant, tant je savais la chose difficile, impossible même en dehors de puissantes interventions gouvernementales ayant assez d'autorité pour faire plier les règlements de la Chambre syndicale, que je connaissais comme journaliste. Je déclarai que (telles sont mes expressions) : « Comme saint Thomas, je ne croirais qu'après avoir vu. » — M. Gauldrée-Boileau dit, sans s'adresser même à moi directement : « Je triompherai, là où je dois passer la soirée, des dernières difficultés. » L'affirmation de M. Gauldrée-Boileau était une autorité suffisante alors pour que la politesse me défendît toute nouvelle contestation. Seulement je ne fus nullement convaincu. Je m'en allai persuadé qu'ils se faisaient tous illusion. J'avais assisté tant de fois, depuis dix ans, chez des banquiers, des fondateurs de Compagnies, des entrepreneurs à ce spectacle de gens affirmant d'abord avec orgueil disposer de toutes les faveurs du pouvoir et courbant la tête humblement au jour de l'insuccès décisif!

Je ne revis personne de la Compagnie; je ne reçus aucune lettre d'elle, je ne lui en écrivis aucune, pas plus après qu'avant cette entrevue. *Je n'informai même pas M. Paradis des espérances de cote dont on m'avait fait part*, les trouvant trop insensées pour en entretenir un banquier aussi occupé que l'était M. Paradis.

Je dis les choses telles qu'elles se sont passées, simplement, dans leur état de nature. Et voilà pourquoi je tiens à introduire ici un détail relatif au silence que je gardai vis-à-vis de M. Paradis relativement aux espérances de cote formulées devant moi par MM. Probst, Fourquenod et Gauldrée-Boileau.

Lorsque la cote eut été effectivement obtenue, M. Paradis me reprocha mon silence. « En effet, me « dit-il, j'ai signé, il y a quelques jours, le traité « du Trouville, que j'eusse refusé si j'avais pu pré- « sumer que les gens de Memphis-Pacific dussent « réussir. L'émission du Trouville, que je vais être « forcé de faire, représentera autant de clients de « moins pour le Memphis-Pacific, qui doit être réel- « lement une excellente affaire, puisque la cote a pu « lui être accordée. » Ce que je tends à prouver en retraçant ce souvenir, c'est que M. Paradis pas plus que moi, et moi pas plus que lui, ne nous préoccupions des agissements de la Compagnie et ne bâtissions d'espérances sur leur succès.

Ce fut le 16 mars, à la Bourse, que j'appris que la valeur était cotée et je ne pus deviner, en voyant coter les bonds du Transcontinental, qu'il s'agissait des bonds du Memphis-Pacific, qu'en prenant, à la Bourse même, des renseignements sur la nouvelle valeur admise à la cote. Je dus conclure de ces renseignements que le Memphis-Pacific avait été coté sous un autre nom que celui que nous connaissions tous.

En effet, dans aucun document antérieur à cette date du 16 mars, jour de l'obtention de la cote, je n'avais vu ce nom. Il n'est pas parlé de Transcontinental dans le traité du 17 août 1868. Il n'est pas parlé de Transcontinental dans la lettre que m'écrivit Paradis en janvier 1869 pour me promettre *un dixième* de ses bénéfices. Il n'est pas parlé de Transcontinental dans la lettre à moi écrite par MM. Lissignol et de Blonay. Sans doute, j'avais bien vu les mots : *Southern Transcontinental* sur une brochure anglaise qu'on avait adressée à M. Paradis lors de la signature du traité ; sans doute, j'avais vu en sous-titre du travail fait pour M. Paradis par M. Lissignol (petite brochure à couverture verte) ces mots : « Transcontinental du Sud, » mais jamais je n'avais entendu, ni de M. Probst ni de M. Lissignol, quoi que ce fût qui pût me faire penser que ces mots purement épithétiques, surtout en langue anglaise, *Southern Transcontinental*, pussent être transformés en substantif principal et devenir à l'improviste la raison sociale d'une Société que je connaissais fort peu, trop peu, hélas! mais que je ne connaissais que sous le nom de Memphis-Pacific.

Comme je suis resté étranger à toutes les démarches faites pour l'obtention de la cote, ainsi que l'attestent toutes les dépositions de M. Rolland-Gosselin, de M. Béranger, de M. Faure, le secrétaire de la Chambre syndicale, et les affirmations de mes coprévenus eux-mêmes, MM. Lissignol et Gauldrée-Boileau, le fait de la substitution de nom Transcontinental aux deux mots Memphis-Pacific ne peut m'être imputé, s'il y a là délit. Mais je tiens à dire que ce mot de Transcontinental, auquel on trouve aujourd'hui tant de vertus magiques sur les esprits faibles des capitalistes et tant de perversité préconçue, ne semblait guère de nature à ce moment à flatter des gens de bon sens et n'enthousiasma nullement le banquier. Quant à moi, je fus enthousiasmé de la cote, mais fort peu de cette étrange appellation. Quant à inventer un nom faux, il fallait inventer celui de « Pacifique du Sud. » En effet, le Pacifique du Nord venait d'être inauguré avec grand fracas. On avait là un mot qui faisait réclame. Mais ce mot « Transcontinental » très-connu, trop connu aujourd'hui, pour le malheur des obligataires et encore plus pour mon malheur, connu surtout et populaire depuis les attaques des journaux, les pamphlets des Sociétés rivales et les désastres dont nous subissons actuellement les déplorables conséquences, ce mot de Transcontinental était, au point de vue d'un succès d'émission, un mot profondément bête; j'en appelle, sur ce point, à tous les banquiers, à tous les journalistes ayant l'expérience du public. Ce mot a un sens en langue anglaise, à la condition d'être accompagné d'un sous-qualificatif. Il n'a aucun sens en langue française et n'existe même pas.

Qui a donné ce mot? Comment le Memphis-Pacific s'est-il trouvé recevoir des agents cette dénomination? De tout cela je ne puis rien savoir, puisque je n'ai jamais assisté à aucune démarche faite pour la cote. La cote étant donnée sous ce nom, pouvais-je le changer? Était-il de mon devoir même de m'en préoccuper?

VI

La valeur fut cotée le 16 mars. C'était un mardi. Ce jour-là j'envoyais chaque semaine au journal belge la *Finance* (qui paraissait à Bruxelles le mercredi soir avec la date du jeudi), un résumé des nouvelles financières des huit jours. Le 16 mars, j'adressai donc à la *Finance* un article de quelques lignes pour annoncer qu'une nouvelle valeur venait d'être cotée sous le nom de Transcontinental, et voulant y ajouter quelques renseignements afin que le journal eût l'air bien informé, je coupai avec une paire de ciseaux le premier alinéa du travail que M. Lissignol avait rédigé neuf mois avant, à l'intention de M. Paradis. Je n'y changeai pas un mot, pas une virgule.

Or, c'est sur ce malheureux article qu'on essaie d'établir ma complicité. J'ai fait tout simplement pour la *Finance*, le mardi, ce que le correspondant de l'*Indépendance Belge* a fait deux jours plus tard pour son journal. (Voir l'*Indépendance* du 21 mars, contenant près de cinquante lignes sur le Transcontinental dans la correspondance financière.) Par un hasard défavorable pour moi, la cote a eu lieu le jour même où j'envoyais mon travail hebdomadaire et j'ai annoncé cette cote comme une primeur. Voilà mon crime. Jamais la *Finance* n'a placé de valeurs, n'a fait d'émission. Je n'en étais d'ailleurs que le correspondant, puisqu'elle appartenait à une Société belge en commandite par actions. En eussé-je été propriétaire absolu que c'était un instrument impuissant à faire un placement quelconque de titres, surtout en France, où elle n'avait que de rares abonnés. Jamais dans le traité, jamais dans la lettre de M. Paradis, jamais dans la lettre de MM. de Blonay et Lissignol, il n'est question du concours de la *Finance* et je n'y suis jamais désigné comme propriétaire, ou rédacteur, ou correspondant de cette feuille. Ce n'était pas mon métier spécial d'être correspondant de la *Finance;* j'étais rédacteur financier au journal *le Monde*, j'étais rédacteur financier à *la Gazette de France*, j'envoyais des lettres à certains journaux de la province et de l'étranger. Aussi quand je me faisais intermédiaire entre une Compagnie et un banquier, le journaliste n'y était pour rien, absolument pour rien; le journaliste ne promettait rien et n'avait rien à promettre ni à tenir. — C'est par une déplorable confusion qu'on tourne à délit cette concomitance de deux situations bien distinctes: celle d'intermédiaire d'un traité et celle de correspondant de journal annonçant une nouvelle qui vient de se produire. — Si j'eusse été complice des agents de la Compagnie, ce n'est pas le 16 mars, jour où la valeur a été publiquement cotée, que j'eusse envoyé la nouvelle; c'est le 8 mars, jour où la cote a été accordée aux agents de la Compagnie. J'étais si peu leur complice, que je n'ai su le résultat que le 16 mars, comme tout le public, et que je n'en étais même pas informé d'avance, tout intéressé que je pusse être à l'événement par mon traité d'intermédiaire.

VII

Une fois la cote obtenue et M. Paradis mis en demeure d'exécuter le traité dont il était le titulaire et dont je n'étais que l'intermédiaire, je ne me suis pas plus occupé soit de la publicité, soit des placements, que je ne m'étais occupé auparavant des démarches des agents de la Compagnie.

Les agents de la Compagnie se sont mis en rapport directement avec M. Paradis. C'est lui qui leur a demandé des renseignements, s'il a jugé à propos de le faire. Ce sont eux qui lui ont donné tous les renseignements vrais ou mensongers, les pièces, les cartes, les actes, les certificats. Qu'on jette les yeux sur le petit traité passé chez Me Devès, notaire. Je n'y figure pas comme contractant; M. Paradis, d'une part, M. Probst, d'autre part, y figurent seuls. Il n'y est parlé de moi que pour ma commission de 2 °/o d'intermédiaire.

Je suis resté d'autant plus étranger à tout ce qu'a pu faire M. Paradis, que je n'avais *ni la puissance, ni le droit* d'intervenir. Au point de vue du placement des titres, du mode de placement, M. Paradis, seul titulaire du traité, était aussi seul maître de ses actes. Aussi était-ce à lui seul que s'adressaient les agents de la Compagnie. Quant à la publicité, je n'y ai contribué en rien. Je n'ai rédigé ni les circulaires, ni les prospectus, ni les annonces de journaux; je n'ai dessiné aucune carte; je n'ai composé aucune affiche; je n'ai passé avec qui que ce soit des traités de publicité. Les dépositions des employés de M. Paradis établissent qu'il avait un personnel *ad hoc*, que je n'en faisais pas partie, et qu'enfin je n'ai rien rédigé dans la publicité du Transcontinental. La personne qui dirigeait la rédaction de publicité de M. Paradis, nommée M. Mathorel, s'est reconnue l'auteur de tous les prospectus et articles du *Moniteur des Tirages financiers*. Un jour, un seul jour, M. Paradis, étant indisposé, me pria de l'aider pour un article de polémique, en réponse aux attaques dont le Transcontinental était l'objet. L'article fut dicté en entier *par lui, pour lui*, c'est-à-dire pour son journal, et SIGNÉ PAR LUI. Toute la responsabilité lui en incombe. Cet article ne contient pas, au reste, d'affirmations inexactes, sauf un alinéa relatif à la ligne exploitée sur près de six cents lieues. Mais cela ne pouvait m'étonner, puisque, dès l'origine, les agents de la Compagnie n'avaient cessé de me dire que la ligne était exploitée sur six cents lieues, puisque cette affirmation précise est le début même du travail rédigé par M. Lissignol pour M. Paradis, avant la signature du traité du 17 août 1868.

Comment pouvais-je supposer que le banquier

incessamment en rapport avec les agents de la Compagnie, à partir du jour où il a été mis en demeure d'exécuter le traité du 17 août 1868, comment pouvais-je supposer que le banquier n'eût pas en main des preuves suffisantes des faits qui lui étaient allégués. On peut dire aujourd'hui que le banquier a été imprudent en attribuant à l'examen officiel de la Chambre syndicale et à celui du Ministère des Finances un caractère sérieux qu'ils ne possédaient pas ; l'événement ne l'a que trop démontré. Que le banquier ait été léger et imprudent, soit! Il eût évidemment mieux fait de ne s'en rapporter qu'à lui et d'envoyer des ingénieurs aux États-Unis pour prendre des renseignements, au lieu de se laisser berner par les renseignements apocryphes de MM. Lissignol et Probst. Son excuse est qu'il émettait des bonds hypothécaires et que l'authenticité des actes hypothécaires sur lesquels reposait la garantie des bonds devait lui paraître une preuve suffisante de la solidité du placement offert par lui à ses clients. Son excuse était aussi la haute position du général Frémont et des fidéicommissaires. Mais, en admettant que le banquier se soit montré léger et imprudent, qu'y pouvais-je? Quel droit avais-je d'intervenir dans les actes et les décisions de M. Paradis, seul titulaire, seul exécuteur, seul responsable, par le fait de la transmission du traité à sa personne? Dira-t-on que cette transmission était fictive? que

M. Paradis n'était qu'un prête-nom? que le vrai banquier émetteur était *moi?* que c'était moi qui avais une maison de banque et des clients? L'évidence est là pour démentir une aussi monstrueuse supposition. La maison Paradis était assez connue et a assez fait parler d'elle pour que je n'aie pas même à discuter une pareille hypothèse.

Eh bien ! si M. Paradis était le vrai titulaire, le vrai exécuteur du traité de placement des bonds, s'il n'était pas mon prête-nom, que pouvais-je pour l'empêcher de conclure avec les annonciers des traités de publicité à sa guise, pour l'empêcher de rédiger ses annonces et ses prospectus comme il l'entendait, pour l'empêcher de prendre directement chez le notaire des bonds de *cent* dollars *non cotés* au lieu des bonds de *mille* dollars cotés? Je le pouvais d'autant moins que je n'étais initié à ses actes, ni officiellement, ni officieusement. — De même que MM. Probst et Lissignol m'ont mis *carrément à la porte* le jour où j'ai voulu savoir ce qu'ils faisaient, et ce sous prétexte que mon unique rôle avait dû consister à chercher un banquier et que, cela fait, mon rôle était fini, de même M. Paradis, dont je n'étais pas même *un ami intime*, avec lequel je n'avais eu que des relations très-espacées et toujours pour affaires, M. Paradis, enfin, dont j'étais si peu l'*intime* que j'avais attaqué plusieurs des affaires lancées par lui (*Gazette de France*, n° du

29 juin 1868), et qu'au moment même où il allait lancer le Transcontinental, je lui refusais de mettre des allusions favorables à l'affaire du Trouville dans les journaux où j'écrivais, M. Paradis m'eût répondu, si j'eusse essayé d'intervenir dans sa publicité, dans ses contrats, dans ses relations directes avec les agents de la Compagnie, il m'eût répondu :

« Mon cher Monsieur, tout cela ne vous regarde « pas. Vous m'avez passé un traité. Il vous suffit « que je tienne les engagements que j'ai pris envers « vous ; le reste est mon affaire et ne concerne que « moi. Cela vous regarde d'autant moins qu'il est « parfaitement expliqué, au dernier article du traité « du 17 août 1868, qu'une fois le traité transféré « par vous, vous n'êtes responsable ni des actes de « la Compagnie envers moi, ni de mes actes vis-« à-vis de la Compagnie, et que *moi cessionnaire* « suis seul responsable. Je vous le répète, vous « n'avez qu'à toucher vos 2 %, je vous donnerai « le dixième que je vous ai promis pour compenser « le tiers des 2 % que je sais qu'on vous a de-« mandé. C'est le salaire de votre rôle d'intermé-« diaire depuis longtemps terminé. Quant à ce que « je fais dans ma maison, veuillez ne pas vous en « mêler. J'y fais ce que je veux. »

Je n'étais rien à la Compagnie et n'y pouvais rien, et n'étais en correspondance avec aucun agent d'Amérique ; je n'étais rien chez M. Paradis et n'y pouvais rien et n'y ai rédigé aucun élément de publicité (ni annonces, ni prospectus, ni affiches, ni cartes, ni traités d'annonciers), comment puis-je être complice des délits qui auraient été commis soit d'un côté, soit de l'autre, soit des deux côtés, s'il y a eu réellement des délits commis ?

Dira-t-on, osera-t-on dire que la commission de 2 °/₀ et le *dixième* des bénéfices nets de M. Paradis m'ont été accordés comme rémunération de ma complicité, soit dans les manœuvres de la cote, soi dans les prétendues manœuvres de la publicité. En vérité, j'aurais singulièrement gagné mon argent, s'il en était ainsi. Il est établi, d'une part, que je n'ai fait aucune démarche pour la cote. De ce chef on eût dû refuser de me payer. Quant à la publicité, j'ai fait deux articles de trente lignes dans un journal étranger ayant 250 abonnés en France à peine, et un article *signé Paradis*, publié par Paradis dans le journal même de Paradis. Et, pour cela, pour ce concours de soixante lignes dans la *Finance*, pour cet autre concours d'avoir tenu complaisamment la plume sous la dictée de M. Paradis pendant une demi-heure, on m'eût payé 630,000 francs (et non 750,000 francs, comme le dit l'accusation, à 120,000 près).

En vérité, une telle hypothèse est absurde. Qu'on paie une énorme commission à un intermédiaire, cette commission serait-elle de deux millions, selon l'importance de l'opération, cela se conçoit, puisque c'est un marché librement débattu, librement consenti par les parties, l'acheteur et le vendeur ; mais payer 630,000 francs un concours qu'on sait d'avance inutile et impuissant et que le premier venu des journaux financiers eût accordé plus utilement et plus efficacement au prix de 3,000 francs, ce serait un acte tellement insensé qu'il faut l'acharnement de l'opinion contre moi pour expliquer qu'une telle hypothèse soit parvenue à trouver place dans l'accusation.

VIII

L'accusation, il est vrai, essaie de tourner la difficulté. Elle me dit : « Non ! on ne vous a point « peut-être payé pour cela ; mais, comme vous « étiez intéressé par la grosseur du chiffre de la « commission à la réussite de l'affaire, vous vous « êtes précipité de vous-même dans les manœuvres « d'escroquerie qui étaient de nature à assurer « cette réussite. »

Or ces prétendues manœuvres sont :

1° L'article de trente lignes envoyé à la *Finance* le 16 mars 1869 pour annoncer que la cote avait été accordée ce jour-là. Dans cet article, il n'est parlé ni d'émission ni de souscription à ouvrir. J'y reproduis le premier alinéa du travail fait dix mois avant par M. Lissignol pour le banquier. Rien de plus.

2° L'article de trente lignes envoyé à la *Finance* le 25 mai 1869, annonçait que LA SOUSCRIPTION EST **close**, que le général Frémont va arriver à Paris et que les mêmes grands banquiers qui font fi du Transcontinental, parce que c'est une petite maison qui a été chargée de l'émission, seront les premiers « à courber leur échine devant le général Frémont » pour en obtenir l'émission des autres séries de bonds.

3° L'article signé par Paradis, écrit sous la dictée de M. Paradis, publié dans le journal de M. Paradis (le *Moniteur des tirages financiers*), article de pure polémique, n'articulant pas un seul fait qui ne soit exact, en dehors du fait de l'exploitation de la ligne de Norfolk, affirmé par M. Probst, affirmé par M. Lissignol, les seuls agents de la Compagnie avec lesquels M Paradis fût en relation, fait affirmé dès le début des rapports entre la Compagnie et le banquier dans le premier alinéa du travail rédigé pour le banquier par M. Lissignol, fait corroboré par M. Lissignol dans la carte dessinée par lui. — M. Paradis étant directement en rapport avec les agents de la Compagnie, avais-je à lui demander les preuves authentiques de la véracité de chaque alinéa d'un article *que je ne devais pas signer* et dont lui seul était responsable? Ne devais-je pas supposer que M. Paradis avait eu soin de se munir de toutes les garanties nécessaires, puisqu'il était bien plus intéressé que moi? Ma susceptibilité pouvait-elle même être éveillée, puisque je savais pertinemment que la concession existait, que les actes hypothécaires existaient, que les certificats de valeur des terrains existaient, que la cote existait. Et, quant à l'exploitation du chemin de Norfolk et à sa prétendue fusion avec le Transcontinental, allégations mensongères des agents de la Compagnie, M. Paradis est presque excusable d'avoir ajouté foi aux agents de la Compagnie, sans exiger de voir le contrat de fusion. Il ne s'agissait pas, en effet, de placer des bonds hypothécaires sur les revenus de la ligne entière, mais des bonds spéciaux hypothéqués sur des terrains déterminés de tel endroit à tel endroit. Que la fusion fût vraie ou non, ni la valeur, ni le gage, ni l'avenir, ni le revenu des bonds n'en pouvaient être modifiés. M. Paradis n'avait cessé de répéter à ses clients, dans son journal, qu'il s'agissait de *bonds* ayant pour garantie spéciale les terrains indiqués dans le texte même des titres, et, pour que ce texte fût bien porté à la connaissance de chaque acheteur, il avait fait entourer chaque titre anglais d'une traduction littérale en français. Comment M. Paradis pouvait-il s'imaginer que les agents de la Compagnie commissent un mensonge aussi gros, aussi monstrueux, et d'une si complète inutilité?

IX

En examinant les choses froidement et à distance, on se rend compte de ce puff monstrueux des agents de la Compagnie. Le mensonge a été commis la première fois (peut-être de bonne foi, je veux le supposer) par les agents de la Compagnie, au moment où le banquier a demandé un exposé sommaire avant de signer le traité du 17 août 1868, à M. Lissignol qui a rédigé cet exposé sommaire. Le mensonge en question (qu'il ait été commis ou non de bonne foi) y constitue tout le premier alinéa. (*Voir la brochure de huit pages à couverture verte.*) — Le mensonge une fois fait, ou l'erreur une fois commise, les agents de la Compagnie n'ont plus osé revenir sur leur affirmation première, se donnant à eux-mêmes cette excuse que, *les bonds étant spéciaux*, peu importait à ceux qui les prendraient que la fusion fût vraie ou non. — S'ils eussent avoué au banquier qu'eux, agents de la Compagnie, avaient commis une pareille erreur, le banquier pouvait en tirer prétexte de résilier le traité du 17 août 1868. Et, en réalité, M. Paradis, si on lui eût fait cet aveu, n'eût pas fait l'émission, au risque d'un procès, — non pas que la fusion, je le répète, communiquât plus ou moins de valeur aux titres spéciaux qu'il était chargé d'émettre, mais parce qu'il se fût dit, et avec raison, qu'une Compagnie dont les agents commettaient de telles *erreurs* ou faisaient de tels *mensonges* (selon le choix) n'était pas une Compagnie sérieusement administrée.

Voilà le vrai motif pour lequel les agents de la Compagnie ont persisté dans cette affirmation mensongère. Le motif était la crainte de perdre le banquier. Après avoir commis l'*erreur* une première fois dans le travail rédigé par lui pour le banquier, M. Lissignol est entraîné à corroborer l'erreur quand il fournit la carte du chemin. Et lorsqu'arrive l'émission, après avoir tout rédigé, tout classé, tout coordonné lui-même dans le dossier de renseignements versés au banquier pour la publicité, M. Lissignol part pour Anvers (juste pendant les quinze jours de la publicité pour la souscription), laissant M. Probst se débrouiller *seul* avec le banquier, si par hasard quelque journal venait à découvrir cet impudent mensonge ou cette grossière erreur.

Eh bien! aucun journal français ne l'a relevé, ce mensonge! Aucun! aucun! aucun! Ni M. Sourigues, ni M. Bellot des Minières, ni M. Malespine, ni M. Cluseret. Voilà ce qu'il fallait dévoiler; et immédiatement le banquier eût pris des mesures conservatoires dans l'intérêt de ses clients ou eût forcé la Compagnie à lui rembourser immédiatement les 60 °/$_0$ touchés par elle pour qu'il pût lui-même rembourser les bonds à ses clients.

X

Mais il y avait une bonne raison, une raison de premier ordre, qui empêchait M. Sourigues, M. Bellot des Minières, M. Cluseret et M. Malespine de révéler le seul mensonge qui ait été reproduit par la publicité, sous l'indication formelle des agents de la Compagnie ; cette raison péremptoire, c'est que ces *prophètes* ne connaissaient pas un mot de l'affaire et que la mauvaise foi de leurs arguments ôtait toute autorité aux attaques qu'ils éditaient. Ils disaient: «Il n'y a pas de chartes de concession.» — Il y en avait *cinq* de différentes dates. — Ils disaient: « Il n'y a pas de terres publiques attribuées. » — Les terrains étaient si légalement attribués que, même après le désastre financier de la Compagnie, la cour suprême des États-Unis reconnaît la validité de l'attribution et que ces terres suffiraient au remboursement des obligations. — Ils disaient : « L'hypothèque « n'existe pas. » — Le banquier possédait les actes hypothécaires. M. Bellot des Minières déclarait que la concession faite au général Frémont *l'avait spolié*, et qu'en conséquence elle ne valait rien. — Était-ce un argument? M. Sourigues émaillait tout cet ensemble d'injures à l'adresse de M. Paradis. Des injures ne sont pas des raisons. Plus les attaques étaient mal fondées, plus elles étaient en contradiction avec les pièces authentiques que le banquier avait en main, moins on était porté à y faire même attention. — Ah! si au lieu de ces balivernes, de ces attaques de parti pris, de ces grossièretés, un seul de ces prétendus *prophètes*, de ces prétendus défenseurs de l'intérêt public, groupés sous les ordres de M. Cluseret, eût publié cette seule ligne, sans injures, sans grossièreté, sans commentaires : « Le fait de la fusion « du Memphis-El-Paso avec le Norfolk-Railroad est inexact, » si un seul de ces prétendus *prophètes* eût publié cette seule ligne, il eut non-seulement rendu service au public, mais il eut empêché d'honnêtes banquiers, d'honnêtes intermédiaires de s'exposer aux périls d'une émission aventureuse. Qu'on ne se lasse pas de le dire. Ils n'ont pas fait la lumière sur la seule allégation mensongère qu'il était si aisé de démolir, par cette raison péremptoire, c'est qu'ils attaquaient de parti pris, sans avoir un seul renseignement sur l'entreprise. Pourquoi M. Bellot des Minières, au lieu de publier dans les journaux une lettre pour annoncer que la nouvelle Compagnie le *spoliait*, n'est-il pas allé donner à M. Paradis des renseignements précis sur l'affaire, s'il en possédait? Cela eût été *plus utile aux obligataires* que de faire *cinq* dénonciations successives au parquet après coup, c'est-à-dire alors qu'il était trop tard pour sauvegarder les intérêts des obligataires? Pourquoi M. Sourigues, lorsque j'ai été lui demander le motif de ses attaques, ne m'a-t-il communiqué aucun renseignement précis, s'il en avait? Tous ces gens étaient tellement aveuglés par leur haine contre M. Paradis et par leur désir de contrecarrer le succès de la souscription, qu'ils allaient au but à tort et à travers, c'est-à-dire à *l'attaque des bonds émis*, la seule chose inattaquable, et que pas un d'entre eux, PAS UN, n'a relevé pendant l'émission l'erreur capitale que la poursuite judiciaire devait prendre comme base de son système d'accusation.

Mais, en tous cas, ces gens-là eussent-ils révélé l'existence de ce mensonge, qu'aurais-je eu à y voir? Je n'aurais eu qu'à aller trouver M. Paradis et à lui demander des éclaircissements; mais si M. Paradis m'eût répondu qu'il tenait pour bonnes les affirmations de la Compagnie, par quel procédé et à quel titre, moi simple intermédiaire d'un traité, eussè-je exigé, soit de la Compagnie, soit du banquier, qu'on me produisît des documents attestant l'authenticité de la fusion du Memphis-Pacific avec le Norfolk railroad?

XI

Je suis convaincu du reste que *l'erreur* ou le *mensonge* (au choix), commis à l'endroit du banquier par les agents de la Compagnie, l'a été en dehors de la volonté du général Frémont. J'ai vu deux fois ce personnage, pas davantage. Or, la première fois, il me dit que c'était une erreur qui avait été commise et qu'on avait confondu deux choses bien distinctes: la *fusion* et le *contrôle* ; qu'à la vérité, il y avait traité de *contrôle* avec le Norfolk railroad, mais qu'il n'y avait pas encore de *fusion*, la fusion étant ajournée à la période d'exploitation du Memphis-Pacific et étant forcée, pour ainsi dire, en raison des terrains possédés à Norfolk par le Memphis-Pacific sur l'emplacement futur de la gare de la ligne. MM. Lissignol et Probst, interpellés par moi, firent au général mille protestations pour se défendre, en invoquant de prétendues lettres de M. Gauldrée-Boileau, de prétendues lettres de M. Snethen ou de M. Auffermann. Etait-ce une comédie montée? C'est possible. Toutefois, le général Frémont me parut si froid, si net et si tranchant qne je persiste à supposer qu'il était sincère. Un mensonge avait été commis sans intention frauduleuse par des agents trop zélés, pour arriver plus aisément à saisir un banquier dans le premier engrenage d'un traité. La sagesse et la prudence eussent voulu que ces agent trop zélés avouassent au banquier qu'ils étaient allés trop loin ; une fausse honte l'aura emporté. On a gardé le silence. On a laissé faire. On a cru qu'il suffirait de passer à Anvers les quinze jours de l'émission pour se mettre à couvert de tout risque ultérieur. Je ne parlerai que de ce qui concerne le banquier et la publicité, j'ignore si le même mensonge a été fait aux agents de change et au ministère des finances. Je n'ai été initié à aucune des démarches relatives à l'obtention de la cote ; c'est un point sur lequel je ne saurais trop insister, Mais si le mensonge fait au banquier, dès le début, dès le traité du 17 août 1868, a été renouvelé aux agents de change et au ministère, c'était presque une conséquence forcée de la *mauvaise honte* qui empêchait des agents trop zélés de revenir à résipiscence devant le banquier. On avait donné au banquier une carte *mensongère* pour justifier un *exposé mensonger*. On ne pouvait pas faire une carte *exacte* pour la Chambre syndicale et laisser au banquier une carte *inexacte*. On n'aura pas insisté sur le point délicat de la fusion avec le Norfolk-Railroad dans les conversations avec les agents de change, mais on se sera servi de la carte dessinée à l'intention du banquier par M. Lissignol. Et voilà comment, par une pente insensible, un agent maladroit, par une première erreur, ou un agent trop zélé, par un premier petit mensonge commis sans autre intention que d'enfoncer un banquier, ledit agent maladroit ou trop zélé persistant à ne pas se rétracter, aura précipité d'honnêtes gens dans l'abîme, et s'y sera précipité avec eux, tout en espérant bien qu'eux seuls y tomberaient. Voilà la vérité telle qu'elle se dégage de l'ensemble des faits, quand on les étudie sans passion.

Les fonds fournis par le banquier, soit 16 millions et demi, ont été ou gaspillés, ou détournés, ou follement dilapidés par les agents de la Compagnie. Je n'en ai rien su et n'en pouvais rien savoir. *Extérieurement*, c'est-à-dire par le *paraître*, je n'ai jamais vu de maison où tout semblait plus régulier, plus ponctuel, plus méticuleux qu'à l'administration du Transcontinental. J'y allais peu. J'y étais reçu très-peu cordialement. J'y semblais un ennemi, un espion, un homme dont l'immixtion était redoutable. J'attribuais ces façons au désir qu'avait M. Lissignol d'accaparer une influence absolue et à ses craintes bien chimériques sur mes dispositions à lui faire concurrence en quoi que ce fût. Toutefois, quelque rares que fussent mes visites, j'observais assez pour constater une *régularité* apparente et une *activité* factice qui me rassuraient pleinement. La moindre petite réclamation, qui partout ailleurs reçoit satisfaction immédiate, exigeait là des écritures à n'en pas finir. On y voyait venir des constructeurs, on se heurtait à des modèles de coussinets, à des échantillons de rails; on voyait des dessinateurs faire des épures. Enfin (léger détail qui avait bien son importance pour un observateur familier avec le sans-gêne des administrateurs des Compagnies industrielles) je rencontrai là un jour le général Frémont causant avec un personnage très-connu, M. Shenk, je crois, depuis ambassadeur en Angleterre. Le général Frémont dit à M. Lissignol : « J'ai besoin de cent napoléons d'or; « envoyez donc, je vous prie, changer cette bank-note « de cent livres sterling; » et il tira de son portefeuille une bank-note et l'on envoya un commis la changer. Ainsi, pour tout spectateur de cette scène, il ne paraissait y avoir rien de commun entre la caisse de la Compagnie et la bourse du Président du Conseil. Ce détail presque puéril me fit plaisir. Il y a là de l'ordre et de l'honnêteté, pensai-je en moi-même en me retirant. Il aurait pu, en effet, emprunter cent louis à la caisse, quitte à les rendre le lendemain.

XII

Et quand on examine les dilapidations du Transcontinental, on est abasourdi de la stupidité de la gestion et du mélange bizarre d'ordre et de gaspillage qui les caractérise. On était, paraît-il, d'une sévérité excessive pour les livraisons de matériel, et on les envoyait se rouiller à la douane de la Nouvelle-Orléans, sans même s'informer si livraison en avait été prise et si le transport s'en effectuait au Texas. On chicanait le banquier sur une journée d'intérêt du coupon d'un titre de 1,000 dollars, et l'on dépensait 400,000 francs de frais généraux par an. On exigeait de M. Paradis, qui AVAIT UNE FORTUNE, UNE MAISON DE BANQUE ENTIÈREMENT A LUI, NE DEVANT PAS UN CENTIME A PERSONNE, on exigeait de lui mille précautions vexatoires et blessantes, comme par exemple le paiement des titres *la veille* du jour où on les lui livrait, et l'encaissement de ses chèques et de ses mandats avant ladite livraison, et, en même temps, on chargeait un docteur-médecin, le docteur Tamin-Despalles, parfaitement ignorant des choses financières, de placer cent mille bonds à sa guise, sans exiger de garantie, sans même lui imposer des échéances de paiement. Il est probable que M. Lissignol se fût très-fort ému s'il eût vu le général Frémont prendre 10,000 francs dans la caisse de la Compagnie; il ne s'émeut pas en lui voyant emporter 7 MILLIONS à New-York, et, plus tard, d'après une lettre de M. Lissignol lui-même, lue aux débats de première instance, il ne s'étonne pas que le général redemande un million. L'expert parle *d'une forte perte* sur le change du dollar supportée par la Compagnie; cette perte est *apocryphe*, ou, malgré leur méticulosité administrative, les agents de la Compagnie étaient des ânes. Ce n'est pas de *la perte* que la Compagnie pouvait avoir sur le change, mais bien du *bénéfice*, si tant est que l'agio constitue jamais une perte ou un bénéfice.

En effet, la Compagnie avait reçu des dollars de 5 fr. 15 c., et le dollar était à 3 fr. 80 c. à New-York en papier, seule monnaie courante, et, à l'heure actuelle, il n'y est encore qu'à 4 fr. 50 c. Mais voici la bêtise qui probablement aura été faite. On aura commencé par changer les millions d'argent français en traites sur Londres, puis les traites sur Londres en *dollars de valeur conventionnelle anglaise de* 4 SHELLINGS 6 PENCES (payé monnaie de convention), c'est-à-dire de 5 fr. 62 c.; et ce sont ces dollars conventionnels représentant chacun *un dollar et demi* du cours d'alors à New-York qu'on aura portés sur les livres, déduisant de cette passation inexacte d'écriture une perte fictive sur le change. En réalité, si le général Frémont a emporté 7,600,000 francs de France, ces 7,600,000 francs, à l'époque dont il est question, représentaient 2 millions de dollars en papier à New-York.

XIII

Parlerai-je de cette autre contradiction inexplicable? On se sert, — c'est l'accusation qui le dit, — de l'Allemand Auffermann pour fabriquer ou faire fabriquer un certificat faux de la cote de New-York; et trois mois après, au lieu de sentir le besoin de ménager ce complice, on le fait arrêter et poursuivre à New-York, et l'on transforme cet ex-complice en ennemi acharné de la Compagnie, publiant des brochures, agitant l'opinion à New-York, fournissant à Cluseret, alors à New-York, tous les éléments des correspondances contre la Compagnie que ce dernier expédiait au *Phare de la Loire*.

On impute des procès en diffamation à MM. Sourigues, Malespine et Cluseret; ou il ne fallait pas intenter ces procès, ou il fallait les suivre. L'accusation dit que les agents de la Compagnie n'ont pas osé poursuivre leur action, parce que lesdits Sourigues, Malespine et Cluseret auraient articulé des preuves de leurs allégations. Tout le monde sait qu'en matière de diffamation, la preuve n'est pas admise. MM Malespine et Cluseret eussent donc été bel et bien condamnés. Quant à M. Sourigues contre lequel la Compagnie avait intenté une action purement civile, il est très-problématique qu'il eût triomphé devant les juges. Au reste, je n'ai pas plus participé aux actions intentées qu'aux désistements qui ont suivi. Ce sont là encore des actes auxquels je suis demeuré complétement étranger. On m'a bien dit qu'on intentait des procès; on s'est bien gardé de me parler des désistements qui eussent pu éveiller chez moi des soupçons fâcheux. Appréciés au point de vue du simple bon sens, tous ces faits témoignent de la mauvaise gestion de l'affaire par les agents français de la Compagnie, d'une absence complète de jugement, d'une absence complète d'unité, d'un manque absolu d'expérience.

XIV

J'ai dit combien étaient rares mes rapports avec les agents français de la Compagnie ; ils furent encore plus rares avec le général Frémont que je n'ai vu que trois fois au plus et qui m'avait offert la rédaction du journal le *Transcontinental*, offre que je déclinai, à cause de la prépotence de M. Lissignol dans la direction.

Seulement on me faisait, ainsi qu'au banquier, le service d'un numéro du journal, chaque fois qu'il paraissait. Là je lisais des renseignements magnifiques : Tel bateau du port d'Anvers venait de partir emportant tant de tonnes de rails. — Cinq autres étaient en chargement. — Tel bateau était arrivé à la Nouvelle-Orléans. — M. Epherson avait prononcé tel discours sur la grande entreprise dans une solennité publique. — Telles et telles fusions étaient confirmées. — Puis c'étaient des extraits de journaux américains. — Ailleurs, c'était un traité passé avec le gouvernement fédéral pour la fourniture des vivres aux ouvriers de la ligne par les dépôts de la guerre au prix même de revient des provisions. — Ailleurs on présageait l'ouverture de 150 milles au-delà de Little Rock pour le printemps de 1870. — En présence de ces affirmations données par les agents de la Compagnie *dans une publication officielle de la Compagnie*, qui donc eût soupçonné que rien ne se faisait, que l'argent état gaspillé, que le matériel pourrissait à la douane de la Nouvelle-Orléans ?

Les attaques même avaient cessé partout. Ces fameux *prophètes*, si fiers aujourd'hui du hasard qui donne raison, non à leurs prétendus renseignements (ils n'en ont jamais eu ni de bons, ni de mauvais), mais à leurs banales attaques, faisaient un complet silence. Les cours se maintenaient, à la Bourse, de 560 dollars à 600 dollars. C'était beaucoup plus bas, certes, que les prix d'émission : environ 150 de perte. Mais ce n'étaient pas là des prix indiquant une entreprise dont le public eût à se défier. C'étaient les prix naturels de baisse d'une valeur excellente, complétement abandonnée à elle-même sur le marché, par l'incapacité de ceux qui président à sa gestion. Si la rente française elle-même était abandonnée et que ni le Ministre, ni les Receveurs généraux, ni le Trésor, ni les caisses publiques, ni les Institutions de crédit liées au Trésor, ni les agents de change ne s'en occupassent que pour vendre au mieux ou acheter au mieux, la rente française perdrait 15 °/₀ de ses cours, en moins de six mois. Est-ce vrai?

Depuis six mois, M. Paradis n'avait pas vendu un titre de Tr nscontinental et n'en avait point acheté. Il assistait à l'abandon de la valeur à elle-même sur le marché, avec une grande indifférence pour ce qui concernait ses intérêts, mais avec un réel dépit de voir coter 560 à 600 une valeur émise par lui à 760 environ, alors qu'il fallait si peu d'efforts pour la relever, en présence surtout des bonnes nouvelles dont la publication se succédait de quinzaine en quinzaine dans le journal de la Compagnie. (Voir le journal *le Transcontinental.*)

M. Paradis me fit appeler et m'exposa ce qui suit : « Je voudrais relever le prix des bonds, j'y « consacrerais volontiers quelques centaines de mille « francs. Seulement, j'ai l'expérience du peu de bonne « foi des Compagnies et je dois prendre des pré- « cautions. Si je consacre 300,000 francs à relever « les cours des bonds, les agents français de la Com-

« pagnie qui ne sont plus liés avec moi par traité,
« croiront être très-forts, parce qu'ils me joueront
« le tour de vendre à la Bourse, sur mon dos, les
« bonds qu'ils ont encore à leur disposition. Ils s'ima-
« gineront servir utilement leur entreprise en trom-
« pant leur ex-banquier, et alors j'aurai tout simple-
« ment roulé un rocher de Sisyphe et perdu 300,000
« francs de ma poche. Une fois les cours relevés
« par moi seul, les cours retomberont par la pré-
« tendue malice spirituelle des agents français de la
« Compagnie. Ce sont des gens qui me plaisent peu.
« Je ne puis me fier à eux que s'ils sont liés par un
« traité bien en règle, qui les empêche de jouer sur
« mon dos, en immobilisant les titres encore dispo-
« nibles dans leur caisse, c'est-à-dire, en interdisant
« à la Compagnie d'en vendre à toute autre personne
« qu'à moi, pendant un délai déterminé. Voyez les
« agents de la Compagnie. Vous avez été l'inter-
« médiaire d'un premier traité. Il est naturel que vous
« soyez celui d'un traité nouveau. Seulement, vous
« êtes mon intermédiaire aujourd'hui auprès d'eux,
« au lieu d'être le leur auprès de moi, comme vous
« l'étiez. Cédez à toutes leurs exigences, telles ridicules
« qu'elles soient pour le prix. On cote présentement
« 560 en dollars de 5 francs. Consentez le prix de
« 600 dollars à 5 fr. 15 c., qui correspond au cours
« de 618 à la Bourse. Je puis accorder tout ce qu'ils
« demanderont, quoique je n'aurai probablement

« jamais à en placer, et que je ne veux que *paralyser*
« *l'envie qui pourrait leur venir de vendre à la*
« *Bourse au fur et à mesure que j'achèterais.* Faites
« la démarche. Inutile à vous de spécifier votre
« commission dans le traité, puisque très-probable-
« ment je n'aurai pas de titres à lever. Si j'en lève,
« je vous donnerai la même commission que vous
« aviez dans le premier traité, soit 2 °/₀ en plus. »

J'en appelle à l'expérience, à l'intelligence, à la sagesse, à la bonne foi de toutes les personnes qui s'occupent d'affaires, depuis MM. de Rothschild jusqu'au plus petit courtier, depuis le Ministre des finances jusqu'au plus infime commis du Trésor, quoi de plus naturel, de plus sensé, de plus honnête que les paroles qui précèdent? Cela ne peut même s'inventer, tant c'est simple. On n'invente pas un axiôme, en quelque matière que ce soit.

Je fus trouver M. Lissignol qui me déclara qu'on faisait à Londres des propositions à la Compagnie pour ses bonds, et me fit, en un mot, le boniment de tout détenteur inintelligent qui prend feu en croyant qu'on lui demande sa marchandise. Toutefois il finissait par consentir à la demande de M. Paradis, mais à la condition que si les bonds cotés étaient laissés à 600 dollars de 5 fr. 15 c. correspondant au cours de 618 dollars à la Bourse, les bonds non cotés de cent dollars ne seraient laissés à M. Paradis qu'à 65 °/₀, soit au cours de 650 dollars de 5 fr. 15 c., correspondant au cours de 670 à la Bourse, *soit à 110 dollars ou 550 francs par mille dollars nominaux, plus haut que le cours alors officiellement coté de 560 dollars.*

J'eus beau essayer de démontrer à M. Lissignol l'absurdité de cette proposition, consistant à vendre à 3,340 francs, quand la valeur était dépréciée à la Bourse, ce qu'il ne vendait que 3,090 au début, et surtout à faire payer au banquier 3,340 francs la marchandise *non cotée*, quand ils lui cédaient à 3,090, le peu qui lui restait de la *portion cotée*, je ne pus le convaincre. Il se crut fin en me disant : « C'est « pour sa clientèle que M. Paradis nous demanda « des bonds. Or il aura surtout besoin des bonds « non cotés de cent dollars. Il faut donc tenir, à « propos de ceux-là, la dragée haute. » — Je suis convaincu que M. Lissignol s'imaginait servir ainsi très-habilement les intérêts de la Compagnie dont il avait été improvisé le timonier.

Je communiquai la réponse de M. Lissignol au banquier qui ne me répondit que par un mot, un mot que je lui ai eusse répondu moi-même, si les rôles eussent été intervertis : « Ces gens-là sont-ils « assez bêtes, assez incapables ; avais-je raison de « vouloir leur lier les mains, avant de satis faire ma « vanité d'émetteur à relever les cours de leurs « marchandises ? Ils demandent 3,340 francs des « bonds non cotés ; consentez-y. S'ils vous deman-

« dent même 500 francs de plus par mille dollars, « consentez-y encore. JE NE LEUR EN DEMANDERAI PAS. « Qu'ils soient temporairement liés, pour ne pas nuire « à leur valeur en se donnant la satisfaction de « croire jouer un bon tour à un banquier. Je ne veux « que cela. »

Et voilà pourquoi le second traité contient cette clause ridicule que, tandis que le reliquat des bonds cotés de 1,000 dollars est laissé à la disposition du contractant à 60 % (cours de 618 à la Bourse), les bonds non cotés de cent dollars ne sont laissés à sa disposition qu'à 65 % en dollars à 5 fr. 15 c. (cours de 670 à la Bourse). Qu'on lise ce traité, on y lira cette absurdité financière, qui confirme, en raison de sa monstruosité même, la véracité de tout ce qui précède, quant au mobile qui dirigeait M. Paradis dans son désir de lier la Compagnie par un traité, pendant le délai nécessaire à un relèvement de prix.

XV

Ce second traité est fait à mon nom, comme le premier ; et l'accusation part de là pour m'en faire porter toute la responsabilité : « Vous ne l'avez pas tranféré officiellement à M. Paradis. » Soit ! Mais, alors, pourquoi ne m'exonérez-vous point de toute responsabilité, répondrai-je à l'accusation, à propos du premier du premier traité qui, lui, a été officiellement transféré à M. Paradis?

D'ailleurs la clause de ce second traité, indiquant que je ne puis le transférer à personne si ce n'est à M. Paradis ou à son secrétaire en cas d'absence de celui-ci, cette clause n'implique-t-elle pas que je n'étais que l'intermédiaire entre la Compagnie et M. Paradis?

D'ailleurs la logique n'indique-t-elle pas que jamais M. Lissignol n'eût passé un traité avec moi si j'en eusse dû être le véritable exécuteur? Quoi! je n'avais ni journal, ni maison de banque, ni clients, ni commis, je n'ai jamais fait de courtage, ni en coulisse ni ailleurs; et c'est avec moi, dépourvu de tous les instruments de placement, qu'on aurait entendu contracter?

D'ailleurs l'expert établit parfaitement que les quelques placements de bonds qui ont eu lieu par suite du second traité ont eu lieu par la maison Paradis. — L'interrogatoire de mon co-prévenu Poupinel confirme le fait : « M. Crampon, dit-il, envoyait « chercher des bonds à la Compagnie, si nous en « demandions. Il les payait d'avance 60 °/₀. Il les « envoyait à M. Paradis. On lui rendait 62 °/₀. Il n'a « jamais touché d'autre bénéfice que ces 2 °/₀. » — Le témoignage de mon garçon de bureau, Auguste Vidal : « M. Crampon n'allait pas lui-même à la Com-

« pagnie. Quand M. Paradis voulait des bonds, il « prévenait M. Crampon. Ce dernier m'envoyait à « la Compagnie avec 3,090 francs par chaque bond « demande. Je ne rentrais chez M. Crampon qu'après « avoir porté chez M. Paradis, rue Loffitte, en sortant « des bureaux de la Compa.nie, les bonds deman- « dés par M. Paradis. Le caissier de M. Paradis « me rendait les 3,090 francs par bond, plus les « 2 °/₀. » — Le témoignage de Collet, le caissier de M. Paradis, confirme encore le fait : « Legarçon de « bureau de M. Crampon apportait les bonds chez « M. Paradis, après avoir été les chercher à la Com- « pagnie contre paiement de 60 °/₀, je payais « 62 °/₀. » — Enfin, mon carnet de compte courant à la Banque est une preuve irréfutable du fait. Je faisais remettre à M. Probst, le représentant de la Compagnie, par mon garçon de bureau, un mandat rouge de la valeur de 60 °/₀ (toujours en dollars à 5 fr. 15 c.) des bonds qu'il devait livrer. Sur mon carnet je suis débité de tous les mandats rouges ainsi délivrés. En face, je suis crédité d'autant de mandats rouges de virement délivrés à mon garçon de bureau par le caissier de M. Paradis, chacun de ces mandats étant de 2 °/₀ plus élevé que le mandat correspondant dont je suis débité de l'autre côté.

Non! le traité n'a pas été officiellement transféré; c'est que jamais il n'a dû être, jamais il n'a été un traité d'émission ou de placement, à proprement parler; s'il eût dû avoir cet objet dans l'esprit de M. Paradis, M. Paradis eût fait de la publicité, eût intéressé des courtiers, et fût enfin arrivé à un autre résultat qu'à l'écoulement de 1,600,000 francs de bonds, en six mois pleins, de décembre 1869 à fin mai 1870. Comme M. Paradis savait la Compagnie liée par mon traité; comme il me savait lié, d'autre part, par cette clause que je ne pouvais transférer qu'à lui ledit traité, il n'avait pas de transfert officiel à me demander pour sa sécurité. Il avait toutes les garanties qu'il pouvait souhaiter.

XVI

Il importe de remarquer, à propos de ce second traité :

1° Qu'il n'a jamais donné lieu à aucune émission ni à aucune publicité, et qu'en conséquence, s'il a eu pour résultat le placement de 1,600,000 francs de bonds, ceux qui ont choisi ce placement l'ont choisi de leur plein gré, sur le marché public des valeurs, sans y être incités par quoi que ce fût, et alors qu'ils connaissaient, par la polémique de l'année précédente, toutes les attaques auxquelles l'entreprise avait servi de cible; alors qu'ils savaient surtout que c'était une valeur *non de tout repos*, *non de père de famille*, mais une valeur exposée, à tort ou à raison, à d'énormes variations de prix, à des baisses considérables. Ils savaient cela, puisqu'ils achetaient librement à 620, 680, 700, 720, 740, 760 une valeur qu'ils avaient vue stationnaire à 560 pendant plusieurs mois. En vérité, les gens qui, librement, choisissaient un tel placement sans que rien les y invitât, ni annonces, ni réclames, ni affiches, ni circulaires, sont bien mal fondés à se plaindre. Ils savaient, ceux-là (je ne parle que du second traité), ce qu'ils faisaient; ils savaient qu'ils spéculaient. Ils ne pourraient même alléguer qu'ils aient été incités par le journal de la Compagnie. Je ne suppose pas, en effet, que la Compagnie pût deviner qui voulait acheter ses bonds, pour lui adresser sa feuille.

2° Il importe de remarquer, toujours à propos de ce second traité, qu'il n'a donné lieu qu'au placement d'environ 450 *bonds de 1,000 dollars faisant partie des 3,800 bonds admis à la cote par la Chambre syndicale.* Si donc on impute à délit à M. Paradis, à propos du premier traité, d'avoir émis des bonds non cotés de cent dollars, à la faveur de la cote officielle des 3,800 bonds de 1,000 dollars, laissant ainsi supposer que l'émission n'était régulière que pour les bonds cotés, il faut bien que l'accusation reconnaisse que relativement au second traité, et par le seul fait que les bonds passaient par mes mains, il n'y a eu de livrés à M. Paradis QUE LES BONDS COTÉS DE

1,000 DOLLARS. J'ai dit plus haut que, pour le premier traité, les bonds ne me passaient point par les mains, qu'ils étaient déposés chez le notaire Devès où M. Paradis les prenait lui-même, et qu'en conséquence je ne pouvais savoir s'il y prenait telle ou telle catégorie de bonds, des bonds *cotés* ou des bonds *non cotés*, des bonds de mille dollars ou des bonds de cent dollars.

3° Il importe de remarquer, toujours à propos du second traité, qu'il a pris fin, *par mon immixtion*, aussitôt que sont arrivées, fin mai 1870, de mauvaises nouvelles d'Amérique. Ainsi, bien que je ne sois qu'intermédiaire pour le deuxième traité comme pour le premier, il suffit que je ne l'aie pas transféré officiellement, que je n'aie pas aliéné d'une façon absolue (comme je l'avais fait à propos du premier traité) en faveur du banquier, tout droit d'immixtion dans la façon dont les choses se passent, il suffit de cela, pour que j'use de ce droit d'immixtion, pour que je m'interpose aussitôt qu'arrivent de mauvaises nouvelles par les journaux de New-York, pour que dise à la Compagnie : « En « présence de ces nouvelles, jusqu'à nouvel ordre « rien ne va plus et cependant le traité continuera à « vous lier en ce sens que si vous essayez de placer « par d'autres intermédiaires vos valeurs, je vous « en empêcherai avec mon traité. » — Suis-je responsable si M. Paradis n'a pas agi, pendant l'exécution du premier traité, en présence des premières attaques des journaux français, comme je l'ai fait, moi, pendant l'exécution du second traité, en présence des *premières attaques des journaux américains?* S'il eût fait, lui, dans le premier cas, ce que j'ai fait, moi, dans le deuxième cas, aurais-je eu droit d'exiger mes 2 °/₀? Evidemment non. Il restait bien et dûment seul maître, en face des attaques des journaux français, d'émettre ou de ne pas émettre. Je ne le blâme pas, je ne critique point sa conduite. Si les attaques des trois journaux français (dits *prophètes*) eussent été des articles raisonnés, au lieu d'être de viles diatribes et d'injurieuses personnalités, je suis convaincu qu'il eût cessé, connaissant enfin la vraie vérité, de placer des bonds, lors du premier traité, comme j'ai cessé d'en prendre à la Compagnie pour les remettre à M. Paradis, en vertu du second traité, dès que j'ai connu la vraie vérité par des articles, passionnés peut-être, mais sérieux et raisonnés de journaux américains. Je suis convaincu qu'il eût fait cela; mais il ne l'eût pas fait que je n'avais encore rien à y voir, que ce n'était pas mon affaire de m'en mêler. Tout au plus pouvais-je lui dire : « Je ne « prends pas les 2 °/₀ . Je ne prends pas la commis- « sion. *Je vous en fais cadeau purement et simple-* « *ment*. »

Ah! franchement, je déplore aujourd'hui de n'avoir pas fait cela. Mais qu'il lève donc la main, celui qui eût fait cela, qui eût abandonné sans motifs valables, sans raisons d'ordre moral ou autres, rien que parce que MM. Cluseret et Sourigues (deux grands clercs en vérité) déclaraient l'opération mauvaise, qui eût abandonné comme *cadeau* au banquier (je ne dis pas : « à la Compagnie », « au banquier », puisque c'est lui qui payait ma commission sur son propre bénéfice) cette trop fameuse et déplorable commission qui devait me précipiter dans l'abîme ; qu'il se lève donc, celui qui eût pu deviner l'avenir et agir ainsi, alors surtout que, par un traité officiellement transféré avec consentement préalable de la Compagnie, le banquier étant déclaré seul responsable, me dégageait, moi intermédiaire, de toute responsabilité ultérieure. Mais alors, poursuivez l'intermédiaire entre MM. Glyn de Joudros et MM. Péreire, lequel intermédiaire a touché 600,000 francs de commission pour l'emprunt mexicain. Poursuivez l'intermédiaire entre le bey de Tunis et la maison Erlanger qui a fait le traité du premier emprunt Tunisien, et qui a touché 600,000 francs de commission. Poursuivez l'intermédiaire qui a apporté le Saragosse à notre première grande maison de Banque, et qui a reçu d'elle une commission énorme. Poursuivez l'intermédiaire qui a apporté le Nord de l'Espagne au Crédit mobilier Français, le Séville à MM. Guilhou, les chemins Portugais au Crédit industriel. Déclarez que c'est commettre un délit que d'être intermédiaire, si l'on n'est doué en même temps du don de — lire — dans l'avenir le sort réservé à l'entreprise pour laquelle on est intermédiaire.

XVII

Toutes ces opérations, que je viens de rappeler et qui ont été plus ou moins désastreuses pour les capitaux, les intermédiaires *les ont crues bonnes*, pour cette excellente et suffisante raison qu'ils trouvaient précisément des banquiers qui considéraient lesdites entreprises *comme très-bonnes*. Si des banquiers, exclusivement responsables devant l'opinion des entreprises qu'ils lancent, consentent à mettre au jeu, sur une opération que je leur porte, moi minuscule intermédiaire, leur nom, leur responsabilité, leur argent et leur peine, vous voulez que moi intermédiaire qui n'ai mis au jeu que mes démarches, je ne me contente pas de l'opinion des banquiers? Vous voulez que, lorsque M. Paradis s'est chargé d'étudier une affaire, lorsqu'il a été mis en présence avec la Compagnie, lorsqu'il a consenti un traité avec elle, lorsqu'il s'est décidé A SORTIR DE SA CAISSE (une caisse bien à lui, il ne travaillait qu'avec son propre argent, ne recevant ni dépôts de titres, ni dépôts d'argent, n'ayant ni actionnaires, ni obligataires, ni commanditaires, ni prêteurs, ni créanciers), PRÈS D'UN MILLION D'AVANCE pour frais de publicité; vous voulez que moi Crampon, intermédiaire qui ne mets rien au jeu, je ne croie pas l'affaire bonne, et que je laisse mes 2 °/₀ au banquier, comme devant plus tard me brûler les doigts ? J'ajoute que si j'eusse laissé mes 2 °/₀ à M. Paradis, comme il les eût acceptés et n'en eût pas moins lancé l'affaire, je restais responsable envers M. Lissignol, moi, du tiers que je lui avais abandonné. Or, il n'y a pas un juge qui ne m'eût condamné à payer à M. Lissignol le susdit tiers dans les conditions convenues. On m'eût allégué avec raison que si j'étais maître, par exagération de scrupule, d'abandonner mes 2 °/₀, je n'avais pas procuration de M. Lissignol d'avoir les mêmes scrupules, en son nom, pour le tiers à lui concédé par moi par lettre.

4° Il importe enfin de remarquer, toujours à propos du second traité, que *pas un centime de l'argent qu'il a procuré à la Compagnie* n'a été dilapidé. M. Lissignol étant allé en Amérique, et M. Probst, *qui ne faisait rien,* étant resté seul à Paris, rien n'a été fait. Or, mieux vaut ne rien faire que de faire des sottises. Grâce donc à l'absence de M. Lissignol, on n'a rien fait, et l'argent est resté intact. Et, si l'on a trouvé *2 millions* après le désastre, c'est au second traité qu'on est redevable de ces 2 millions, destinés à devenir le salut des porteurs de bonds. Sans ces 2 millions, qu'eût pu faire le *receiver* M. Gray? Rien! Tout était perdu, le désastre était complet, sans remède. Otez de 2 millions les 1,600,000 francs produits par la vertu du deuxième traité, M. Gray eût trouvé dans les caisses 400,000 francs que les frais de justice eussent dévorés là-bas. Il n'eût pu traiter avec le Texas-Pacific; il n'eût pu désintéresser les porteurs de créances criardes primant les porteurs de bonds; il n'eût pu racheter certains droits de la Compagnie mis en vente. Ces 1,600,000 francs du second traité sont un tel bienfait, par une singulière combinaison du hasard, que ce second traité, dût-il être la cause spéciale de ma condamnation je serais heureux, au fond de ma conscience, que le hasard qui m'avait amené à être l'intermédiaire du premier traité, c'est-à-dire l'*innocent* instrument d'un désastre, ait permis que je devinsse aussi l'intermédiaire d'un second traité qui me transforme en *inconscient* instrument des péripéties appelées à réparer plus ou moins le désastre.

Et que les capitalistes qui ont fourni ces 1,600,000 francs ne s'avisent point d'alléguer que l'intermédiaire du deuxième traité et même le banquier qui l'a exécuté leur ont causé un dommage quelconque. Eux seuls, entre tous les porteurs de bonds, n'ont pas droit de se plaindre; car eux seuls, entre tous les porteurs de bonds, n'ont agi que sous leur libre inspiration. M. Paradis n'avait plus son journal;

il l'avait vendu. Aucune publicité n'a été faite (on ne saurait trop le rappeler) pour ce second traité. C'est sur le marché officiel qu'ils ont acheté leurs titres cotés. Pour ces 1,600,000 francs du second traité, la Chambre syndicale est SEULE responsable, si quelqu'un en France doit être déclaré responsable des malversations américaines, comme elle est seule responsable de tous les *bonds cotés de 1,000* dollars qui ont été achetés par le public sur le marché officiel, lors de l'exécution du premier traité. Puisque M. Paradis n'a fait pour ces 450 derniers bonds ni émission, ni prospectus, ni publicité, il ne les eût pas pu placer, si ceux qui ont fourni ces 1,600,000 francs, grâce auxquels la réparation du désastre a pu être poursuivie, si, dis-je, ceux qui ont fourni ces 1,600,000 francs ne fussent pas venus d'eux-mêmes demander des bonds sur le marché officiel. Ainsi je résume ce point : Sur l'argent provenant du second traité pas de malversation ; il a été retrouvé intégralement par le *receiver* M. Gray ; — cet argent provenant de l'exécution du second traité et laissé intact est devenu en réalité l'élément de sauvetage de l'affaire entre les mains du *receiver* américain ; — enfin, aucun des détenteurs de ces 450 derniers bonds n'a été incité à les acquérir par une tentation quelconque ; tous les ont achetés de leur propre mouvement, sachant tout le mal que les *prophètes* Sourigues, Cluseret et Malespine avaient pu dire de l'entreprise. Je ne pa le point de M. Bellot des Minières qui n'entretenait jamais le public de ses avertissements, réservant toutes ses élucubrations au parquet et leur donnant la forme de sept dénonciations successives où il appelle escrocs ceux qui ont l'affaire et où il se désole et se plaint qu'on l'ait dépouillé ainsi d'une entreprise qu'il qualifie de désastreuse et que la seule vertu de son nom, substitué à celui du général Frémont, eût suffi sans doute à rendre magnifique.

M. Paradis a donc placé ces 450 bonds en six mois. A-t-il gagné quelque chose à l'exécution du second traité? Cela ne me regarde pas, je n'ai pas à le défendre ici. Toutefois le bon sens et la bonne foi s'accordent à démontrer qu'au lieu de gagner il a dû perdre. Il payait ces bonds 618 dollars à la Compagnie, plus 2 % pour moi, en tout 635 dollars environ, et il commençait à en prendre à ce prix alors qu'on ne cotait que 560 dollars à la Bourse. Sur ceux-là il n'a dû guère gagner, à moins d'un secret magique pour transformer en un bénéfice une perte sèche de 375 francs par bond. La vente des 450 bonds a été échelonnée en six mois ; elle a donc été faite à tous les cours successifs depuis 560 jusqu'à 750 francs. Enfin, ne voulant jamais exposer la valeur à reculer, il était naturellement forcé de racheter parfois à 30 dollars ou à 50 dollars plus cher les bonds qu'il avait vendus à 30 ou 50 dollars meilleur marché. Tous les petits capitalistes qui spéculaient sur cette hausse et qui ont gagné à ce jeu de revendre à 600 ce qu'ils achetaient 560, de revendre à 650 ce qu'ils avaient acheté à nouveau à 610, de racheter à 655 ou 660 et de revendre à 700 ou 750, tous ces petits spéculateurs ont gagné tout simplement de l'argent sorti de la poche de M. Paradis et qui devait singulièrement diminuer son bénéfice. Au reste, je m'adresse aux gens compétents en ces matières, qui ne sait qu'on ne gagne jamais d'argent à relever une valeur à moins d'en écouler une énorme quantité dans les hauts cours? M. Paradis a écoulé pour 1,600,000 francs de capital nouveau pendant qu'il avait à soutenir un marché d'une surface de vingt millions de titres déjà émis. Que les gens compétents, agents de change, banquiers, courtiers, apprécient. Que les institutions du crédit qui ont dévoré des centaines de millions à ce jeu de soutenir les cours de leurs valeurs, pendant l'Empire, avouent qu'elles savent ce que ce jeu rapporte de vanité à l'émetteur, mais aussi ce qu'il coûte à la bourse dudit émetteur.

XVIII

J'ai dit, — c'est prouvé, c'est démontré par *toutes* les déclarations de mes co-prévenus et par *toutes* les dépositions des témoins, — j'ai dit que je n'ai jamais placé un bond, ni donné d'ordre d'achat ou de vente d'un seul bond à la Bourse.

Cela n'a point empêché l'accusation, en première instance, de me dire : « Vous vous livriez à des « manœuvres de bourse, vous faisiez *la pompe aspi-* « *rante et foulante.* » Ces mots de « pompe aspirante « et foulante » ont fait les délices de l'auditoire de la septième Chambre. A coup sûr, c'est un bien terrible criminel qu'un homme qui a fait la pompe aspirante et foulante !

Tout d'abord, moi Crampon qui n'ai jamais vendu un bond personnellement, je n'ai pu jamais rien *fouler* de ce chef ; moi Crampon qui n'ai jamais acheté un bond personnellement, je n'ai pu jamais rien *aspirer* de ce chef. Je n'ai jamais eu de pompe, je n'en ai point joué dans le passé et n'ai nul désir même d'en jouer dans l'avenir.

Mais, si j'admets qu'on doive m'imputer à délit personnel les actions et la conduite de M. Paradis, parce qu'on ne peut pas l'arracher au tombeau pour l'asseoir sur les bancs de la correctionnelle, j'ai à examiner si le défunt, lui, est coupable d'avoir *foulé*, d'avoir *aspiré* et d'avoir joué de cette fameuse pompe, dont l'intervention métaphorique a rempli les débats de première instance. Eh bien ! je suis encore forcé d'en appeler ici à la bonne foi de mes plus ardents adversaires, de ceux-là même que j'ai le plus blessés par ma plume, *mais qui du moins sont gens du métier*, M. Paradis dont je suis appelé, paraît-il, à expier tous les forfaits, a-t-il du moins commis ce dernier forfait d'autant plus gros en apparence que le public ne le comprend guère, ce dernier forfait qui consiste à jouer de la pompe aspirante et foulante.

Hélas ! je suis bien puni, et vous, chers Messieurs Péreire, vous êtes bien vengés. C'est moi qui ai inventé, il y a quinze ans, en vous attaquant dans le *Monde* ou la *Gazette de France*, cette pitoyable métaphore, qui devait être un jour retournée contre moi. Seulement, elle avait un sens comme je l'employais et ce sens elle l'a conservé dans le chemin qu'elle a fait depuis dans la presse, en compagnie des autres clichés que Jules Paton, du *Journal des Débats*, et moi avons lancés dans le journalisme financier.

La pompe aspirante et foulante ne peut fonctionner qu'à la condition de toujours trouver de l'eau à un certain niveau dans son mouvement d'aspiration et de toujours avoir son tuyau d'écoulement ouvert dans son mouvement de foulement ou d'expulsion. Sinon elle ne peut fonctionner. Si l'eau manque, la pompe n'aspire pas ; si l'orifice d'expulsion de l'eau est clos, la pompe casse.

La métaphose de *la pompe aspirante et foulante* (si tous mes lecteurs étaient gens du métier, je demanderais pardon de développer à ce point un détail si élémentaire et si connu) ne peut donc s'appliquer qu'au MARCHÉ A TERME, au MARCHÉ DE LA

SPÉCULATION, parce que là on fait tour à tour le vide et le plein, au gré de celui ou de ceux qui dirigent la fameuse pompe; puisqu'on achète *à terme* des titres qui n'existent pas peut-être sar le marché à des gens qui ne connaissent pas même la couleur de ces titres; puisque, d'autre part, on vend *à terme* des titres qu'on ne possède peut-être pas soi-même à des gens qui n'ont jamais eu même la pensée d'en prendre livraison. En pareille occurence on *aspire* par les achats, on *foule* par les ventes et la métaphore est exacte.

Sur le marché des bonds du Transcontinental QUI N'EXISTAIT QU'AU **comptant** (notez cela), ce pauvre M. Paradis, eût-il voulu jouer de la pompe aspirante et foulante, était condamné à s'en priver. Là, il n'y a rien à *aspirer*, dès qu'il n'y a pas un monsieur qui déclare avoir cinq ou dix ou quinze bonds à vendre instantanément. Il n'y a rien, absolument rien à *fouler*, s'il n'y a pas un monsieur qui déclare vouloir acheter immédiatement deux titres ou trois titres. Vous essaieriez de jouer pendant dix ans de la pompe aspirante et foulante sur les actions de la Compagnie des assurances générales, dont jamais les titres ne sortent des familles qui les possèdent, que vous n'en trouveriez pas à acheter, ce qui arrêterait le jeu. Et si vous faisiez la même expérience sur la Caisse Mirès, par exemple, vous trouveriez bien à acheter tout ce qui reste, vous aspireriez autant que vous le souhaiteriez, mais quand vous voudriez fouler, vous ne rencontreriez pas un preneur.

Qu'on en finisse donc avec cette banale accusation, fausse à mon égard, inexacte à l'égard de M. Paradis, qu'il s'est livré à des manœuvres de bourse, sur le marché public, pour placer les 450 bonds du second traité. La vraie vérité, au contraire, c'est qu'il a fait ce qu'il y a de plus honnête et de plus irréprochable. Il a relevé, à ses *frais* et à ses *risques* (il n'était pas toujours certain de revendre les titres qu'il avait achetés et payés) les cours d'une valeur que l'incurie de la Compagnie laissait se déprécier au détriment des détenteurs, mais qui n'accusait que la portion de baisse due au délaissement et manifestait même au niveau ainsi atteint une certaine fermeté, une sérieuse résistance. Dès qu'on offrait des titres, il les achetait au prix coté; toujours disposé, toujours prêt, argent en main, à racheter le lendemain *plus cher* ce qu'il avait vendu la veille *meilleur marché*, nécessité fatale pour lui, puisque sa volonté était de ramener peu à peu, — par étapes quotidiennes de 1 ou 2 dollars par jour, — les cours des bonds de 560 à 750. Et c'est cela qu'on incrimine, et c'est cela qu'on prétend flétrir de ces mots vides de sens : *pompe aspirante et foulante*. Qu'on montre donc un négociant quelconque, en gros, en détail, qui fasse le commerce de façon aussi honnête et qui tienne boutique ouverte pour racheter à ses clients la marchandise à eux vendue par lui, non-seulement au prix qu'il la leur a vendue, mais mais encore avec un bénéfice.

XIX

C'était M. Lissignol, ingénieur de la Compagnie, qui avait procédé à la rédaction du second traité en décembre 1869, et M. Probst le signa, comme agent de la Compagnie et fondé de pouvoirs du Conseil d'administration.

Deux mois plus tard, M. Lissignol allait aux Etats-Unis, appelé, disait-il, par le général Frémont. Si M. Lissignol avait déjà des inquiétudes sur la gestion de l'entreprise, ainsi qu'il le déclare aujourd'hui, son devoir était de m'en prévenir ou d'en prévenir M. Paradis ; car M. Lissignol *seul* était en mesure de connaître la situation ; lui, voyait les lettres des Américains ; lui, correspondait avec eux ; lui, savait quels fonds sortaient de la caisse et l'emploi qui leur était donné. Jamais, ni M. Paradis, le banquier, ni moi, l'intermédiaire des traités, n'avons eu de relations directes ou indirectes avec les administrateurs de New-York et du Texas ; jamais le général Frémont ne nous a écrit, jamais M. Gauldrée-Boileau ne nous a écrit, jamais M. Auffermann, le caissier de la Compagnie, ne nous a écrit. Bien au contraire toutes les correspondances d'Amérique passaient exclusivement par les mains de M. Lissignol, le vrai maître à Paris, sous le couvert de M. Probst, toujours alité. Je le répète, le devoir de M. Lissignol, était d'instruire le banquier des craintes qu'il prétend avoir nourries, et l'avoir déterminé à céder au désir du général Frémont, l'appelant en Amérique.

Là, que s'est-il passé? Comment s'est perpétrée la ruine? Je n'en sais rien. M. Lissignol ne m'a pas adressé une lettre. Je présume fort qu'il a gardé le même silence vis-à-vis du banquier qui, certes, s'il eût été avisé du péril qui menaçait l'entreprise, eût cessé de s'occuper des bonds. M. Lissignol a tout gardé pour lui. Il avait la main pleine de renseignements, il était au centre même de la lutte, il savait tout; sa main pleine de renseignements, il l'a tenue soigneusement fermée. A-t-il cru bien faire? S'est-il tu, de peur de hâter le cataclysme? C'est possible; mais, à coup sûr, il eût encore mieux agi en écrivant quelques lignes au banquier, ou à moi, l'intermédiaire.

Lorsque je faisais prendre des renseignements au bureau de la Compagnie, lorsque mon garçon de course allait y chercher des bonds, sur la marche des travaux, M. Fourquenod, ingénieur, lequel remplaçait M. Lissignol absent, disait de me répondre que tout allait bien, et que les lettres de M. Lissignol étaient satisfaisantes.

C'est par les journaux américains de fin mai 1870 que j'ai appris le désastre. C'est par les débats de première instance seulement, que j'en ai su ces détails.

Eh bien ! il résulte des incidents révélés aux débats de première instance, que c'est M. Lissignol qui a précipité la crise, et qui, — peut-être avec les meilleures intentions du monde, — mais au moins avec une hâte fiévreuse de dégager sa responsabilité, a déterminé la ruine des obligataires

Par des dilapidations, des détournements, des gaspillages que M. Lissignol devait connaître depuis longtemps, le capital était presque dévoré. Les rivalités du Memphis-Pacific s'étaient donné carrière et avaient obtenu sa déchéance plus ou moins régulière, puisqu'il en est relevé aujourd'hui. Mais, sous un autre nom, avec des avantages beaucoup plus grands, avec le *right of way* et de nouvelles concessions de terres, une autre Compagnie se présentait au Sénat, sous le patronage de ce même général Frémont, qui avait si singulièrement administré le Memphis-Pacific. Que le bill passât, et les obligataires du Memphis-Pacific étaient sauvés, sans même s'être doutés, et sans que ni moi, l'intermédiaire, ni M. Paradis, le banquier, nous fussions doutés du péril auquel l'entreprise avait échappé. Il ne fallait que cela. M. Lissignol se met en travers. De tout le capital, il ne reste plus que l'influence d'un homme jouissant, dans sa patrie, d'un crédit incontesté, l'influence, en un mot, du général Frémont. C'est peu, mais ce peu vaut tout, si Frémont triomphe, si le bill passe ; c'est donc un capital réel qu'il faut d'autant plus respecter, que M. Lissignol, de tous les Français, est le seul qui n'ignore point que la Compagnie n'en possède plus d'autre.

XX

C'est le moment que choisit M. Lissignol pour rompre avec le général Frémont, et lui adresser cette prétendue lettre qui est reproduite dans le dossier de l'instruction, et par laquelle le *subordonné met son supérieur* à la porte. Le général Frémont n'a point répondu. Qui donc eût répondu, en pareille occurence, à une pareille injonction ? La lettre a pu être écrite, mais a-t-elle même été envoyée ? Moi, j'en doute, et j'ai le droit d'en douter, M. Lissignol ne m'ayant jamais envoyé *une prétendue réponse* à la lettre par laquelle je refusais de prendre désormais des bonds, réponse dont l'instruction a trouvé la copie, *faite pour les besoins de la cause* et pour servir plus tard de paratonnerre, dans les papiers de M. Lissignol. Or, il est constant que cette PRÉTENDUE réponse, M. Lissignol ne me l'a jamais envoyée ; il l'a avoué à l'instruction, il l'a avoué aux débats de première instance. Il est vrai que comme cette copie de lettre, fabriquée *ad hoc*, était un aveu utile à l'accusation en ce qui me concerne, on a continué de la considérer comme authentique, même après les aveux de M. Lissignol. Le siége était fait. C'était le point saillant du mémoire de l'expert ; après le mémoire de l'expert, cette lettre *apocryphe* était devenue le pivot du travail du juge d'instruction, puis le pivot du travail du substitut. Le siége était fait, je le répète. Il était trop tard pour reconnaître qu'on empruntait à M. Lissignol, essayant de me compromettre pour s'alléger, une arme de mauvais aloi, UNE PURE MANŒUVRE.

Aussi suis-je fondé à douter que M. Lissignol ait plus adressé au général Frémont la fameuse lettre qu'il ne m'a adressé la mienne.

Le général Frémont ne répond pas. Évidemment, s'il n'a pas reçu la lettre, il n'y pouvait répondre. S'il l'a reçue, s'il n'avait pas d'avantage à y répondre.

Que fait M. Lissignol ? Il y a un ennemi connu et puissant du Memphis-Pacific, un ennemi d'autant plus passionné qu'il est fortement intéressé dans le Pacifique du Nord que ruinera la concurrence du Transcontinental du Sud. Cet homme est le sénateur

Howard. M. Lissignol va le trouver, et lui dit : « Le « général Frémont demande au Sénat d'être incorpo- « rateur, comme président du Memphis-Pacific, dans « la grande ligne du Sud qui va être discutée. Il faut « empêcher les vœux du général Frémont de se réali- « ser, il faut que le Memphis-Pacific croule à la « suite du rejet du bill. Il est à l'agonie; le bill le « sauverait. Il rendra l'âme si le bill est rejeté. »

Porteurs de bonds du Transcontinental, voilà ce que M. Lissignol a fait pour vous!

Et alors il dit à Howard le sénateur ; « Je vous « fournirai moi-même les armes. » Et il les lui fournit. Cette publicité dont M. Lissignol avait fourni *tous* les éléments, tous sans exception; ces exagérations dont lui seul était l'instigateur; ce document disant que 600 lieues étaient exploitées et que lui-même avait rédigé pour M. Paradis ; ces cartes mensongères *que lui-même*, de bonne foi ou non, *avait dessinées comme ingénieur*, il porte tout cela au sénateur Howard et lui déroule lui-même ce « conte « oriental, où l'on découvre un grain de vérité dans « un boisseau de fictions, » ce conte oriental dont M. Lissignol lui-même était l'auteur, l'acteur, le protagoniste. — Le sénateur Howard saisit avec bonheur les armes qui lui sont fournies pour empêcher le bill de passer. Il prononce le célèbre discours qu'on sait. Deux jours plus tard les porteurs de bonds étaient ruinés.

XXI

M. Lissignol avait renouvelé pour le Transcontinental, avec M. Howard homme d'Etat, ce qu'il avait fait pour le Transatlantique, avec moi publiciste, Dans les deux circonstances, il est allé chercher l'ennemi de la Compagnie. Certes, MM Pereire, vous devez trouver qu'à mon égard le tour est bon et qu'en accueillant les travaux hostiles, les révélations que m'apportait M. Lissignol votre ingénieur, pour les publier, j'ai bien mérité ce qui m'arrive. Oui ! par passion, par parti pris peut-être, MAIS DE BONNE FOI, je m'étais imaginé pour ainsi dire une profession, celle de démolisseur du Crédit mobilier. J'étais libre. Je n'avais d'engagements ni moraux, ni autres, envers les fondateurs de cette institution. Mais M. Lissignol avait mangé du pain payé par eux, — aux Transatlantiques, — comme il a mangé du pain payé par le général Frémont, — au Transcontinental. Lui, n'était pas libre. Et de tout ce que j'ai pu écrire contre le Crédit mobliier et ses célèbres fondateurs, ma conscience ne me reproche qu'un acte de faiblesse, c'est d'avoir été séduit comme journaliste par l'appât de révélations mystérieusement puisées à bonne source et qui frapperaient d'autant plus juste; c'est de n'avoir pas compris que je ne devais pas accueillir de révélations contre les MM. Pereire d'un homme qui avait été à eux.

Et si le sénateur Howard vivait encore, lui aussi, en ce qui concerne la Transcontinental, témoignerait des regrets analogues à ceux que j'exprime pour les Transatlantiques. Il désirait retarder le plus possible l'exécution d'une ligne rivale du Pacifique-Nord. Tous moyens lui semblaient bons. Mais quels ne seraient pas ses remords au spectacle des conséquences de l'emploi qu'il a fait des armes fournies par M. Lissignol, quels ne seraient pas ses remords en voyant, comme corollaire de son discours au Sénat américain, les tribunaux français flétrir du nom d'escroc et condamner à cinq années de prison un des citoyens les plus illustres de sa grande patrie!

« Le danger était imminent, il fallait aviser; » telle est l'explication donnée à sa conduite par M. Lissignol. Je ne soupçonne pas sa bonne foi; toutefois je réponds : Lorsqu'un navire va sombrer, alors même que le naufrage est le résultat des erreurs du capitaine, le plus pressé n'est pas de le pendre au haut des vergues; le plus pressé, au contraire, c'est de sauver l'équipage et la cargaison, si c'est possible; c'est de prêter au capitaine tout concours, toute obéissance, toute discipline à cette heure critique; c'est de remettre à plus tard, après le sauvetage, l'examen et la punition des fautes du chef. M. Lissignol, au contraire, au moment où la tempête gronde, mais où l'on peut encore sauver le navire, prend une hache et descend à fond de cale ouvrir une voie d'eau, afin que le navire coule plus vite, afin que rien n'échappe et que tout soit englouti dans le naufrage, capitaine, équipage, cargaison, le navire et jusqu'au nom du navire. Lui seul sait la voie d'eau qu'il vient d'ouvrir; lui seul, peut-être, dans cet immense désastre, se sauvera à la nage. Ainsi dit-il, ainsi pense-t-il, peut-être de bonne foi, tout au moins affolé par la peur et par le souvenir des responsabilités volontairement encourues. Mais la Providence s'y est opposée; il a voulu noyer les autres, innocents et coupables, tous ensemble; il est noyé avec eux dans le naufrage dont il a précipité le funèbre dénouement.

« En perdant le général Frémont en Amérique, M. Paradis en France, se disait-il, j'échappe à toute responsabilité. Que m'importe que M. Paradis soit innocent, il faudra aux porteurs de bonds une victime, ce sera l'émetteur! Il a gagné 10 °/₀ comme banquier, on les lui fera rendre et tout sera dit, et peut-être même me proclamera-t-on un sauveur. » — Quant à moi, Crampon, il ne supposait pas que je pusse être compromis, je le reconnais; se venger du général Frémont, en Amérique, d'une part (je ne sais à propos de quoi), et, d'autre part, mettre à la charge de l'émetteur la reponsabilité pécuniaire, en France, M. Lissignol n'avait pas d'autre programme dans la campagne qu'il a dirigée en indiquant au sénateur Howard les coups à frapper.

Je dis que M. Lissignol n'a jamais dû soupçonner que je pusse être compromis. Qui se le fût imaginé, en effet? Je suis sur les bancs de la police correctionnelle, parce qu'il est impossible d'arracher M. Paradis à sa tombe pour l'y asseoir. Or, comme il faut absolument quelqu'un pour représenter l'émission et la publicité, et remplir le rôle de bouc émissaire, c'est moi l'intermédiaire des traités qu'on choisit. Je suis placé entre les Américains et l'émetteur. Les Américains ne sont pas là; l'émetteur est mort. C'est l'intermédiaire qui paiera pour tous, pour le mort et pour les absents. Préciser un seul délit commis par lui, une seule manœuvre, une seule irrégularité, n'est pas possible. Mais il y a eu des délits commis en Amérique; il y a eu des délits commis en France par l'agent officiel des Américains; il y a eu des exagérations de publicité commises pendant l'émission, sans que M. Crampon y ait pris plus de part que le premier journaliste venu. On englobera l'intermédiaire dans l'incrimination de tous ces délits, sans indiquer sa participation à aucun. Cela suffit. Et en effet : « *Consummatum* « *est!* »

XXII

Ma meilleure justification, c'est la lecture même du jugement prononcé le 27 mars par la septième Chambre et qui me condamne à quatre ans de prison. Dans aucun acte coupable, mon nom n'intervient. Lorsque mon nom intervient, c'est exclusivement à propos d'actes licites et non délictueux.

Voici le texte de ce jugement :

Le Tribunal

Donne défaut contre le général Frémont, Auffermann et Probst;

Et statuant au fond à l'égard de tous les prévenus mis en cause;

Attendu que le général Frémont est devenu, en 1867, président de la Compagnie du « Memphis El Paso and Pacific « rail road » ;

Qu'il trouvait, en prenant ses fonctions, une Société grevée de dettes, obligée, aux termes d'une charte prorogée à plusieurs reprises, de construire avant 1867 un chemin de fer de 813 milles, traversant le Texas de l'est à l'ouest, depuis Texar-Kanna jusqu'à El-Paso, et n'ayant pour actif qu'une voie d'embranchement à peine terrassée sur une longueur de 65 milles et une subvention de terres frappées d'une première hypothèque en 1860;

Attendu que cette Compagnie, discréditée en Amérique, bornée d'ailleurs à l'État du Texas, menacée de déchéance au mois d'août 1868 et frappée par cet État de confiscation en

1869, s'est, entre les mains des prévenus, transformée en une Compagnie puissante, sous le nom de Transcontinental, appelée à réaliser pour la seconde fois cette œuvre gigantesque de la réunion, par un chemin de fer, de l'océan Atlantique et de l'océan Pacifique, exploitant déjà, sur un parcours de 600 lieues, les lignes qui partent de Charleston, Norfolk et Baltimore, pour aboutir à Memphis, et de là courir à San-Diego et San-Francisco, en traversant l'Arkansas, le Texas, le Nouveau-Mexique, l'Arizona et la Californie;

Que c'est aussi à l'aide de ce nom, et, suivant l'expression d'un membre du Sénat des États-Unis, de ce « conte oriental semé d'un grain de vérité contre un boisseau de fictions », qu'elle a frauduleusement fait admettre les bonds hypothécaires à la Bourse de Paris et enlevé à l'épargne française une somme de 20,600,000 francs;

Que telle est, en quelques mots, l'escroquerie internationale soumise à l'appréciation du Tribunal et démontrée par l'instruction et les débats;

Attendu, en effet, que la Compagnie du Memphis El Paso and Pacific a été incorporée et organisée par un acte de la législature du Texas, à la date du 4 février 1856, au capital-actions de 40 millions de dollars, dans le but de construire un chemin de fer depuis Texar-Kanna, sur la rivière Rouge, à l'extrémité est du Texas, jusqu'à El Paso, sur la frontière ouest du même État, et un embranchement de Texar-Kanna à Jefferson, ville importante située à l'extrémité du lac Caddo, et à la tête de la navigation qui descend vers le Mississipi et conduit à la Nouvelle-Orléans;

Que, suivant en cela le système de concessions territoriales, auquel est dû le rapide développement des chemins de fer aux États-Unis, la charte du Memphis El Paso a concédé à la Compagnie une certaine étendue de terre de chaque côté de la ligne projetée;

Que, réserve faite au profit de l'État du Texas d'une section sur deux, en prévision de la plus-value qui doit résulter de la construction du chemin, cette Compagnie a reçu, à titre gratuit, 10,240 acres par mille (2,752 hectares par kilomètre), mais à la condition qu'aucun titre de propriété ne deviendrait définitif pour elle et ses ayant-cause, s'il n'avait été achevé et mis en état complet de fonctionnement 25 milles de la voie (charte, section 17e);

Attendu que, malgré tous ces avantages et des amendements successifs à la loi d'incorporation, la Compagnie du Memphis El Paso ne fut pas heureuse dans son appel au crédit public, que son capital-actions (stock) de 40 millions de dollars atteignit à peine à la souscription 600,000 dollars, qui furent absorbés en frais d'études de plans et de tracés; qu'elle dut recourir bientôt à un emprunt hypothécaire de 1,750,000 dollars, et qu'au moment où éclata la guerre de la sécession, elle n'avait encore fait que 65 milles de terrassements sur son embranchement de Jefferson à Paris;

Attendu que la situation financière de la Compagnie n'avait fait que s'aggraver par les désastres de la guerre; qu'à la vérité, la charte avait été prorogée jusqu'en 1876; mais qu'en se reconstituant, en 1867, sous la présidence du général Frémont, la Société n'avait à offrir au public qu'un projet de ligne de 813 milles, une dette flottante de 40,000 dollars et des concessions de terre subordonnées à l'achèvement de ses travaux;

Qu'elle avait épuisé son crédit sous les diverses formes que prennent aux États-Unis les valeurs de chemins de fer, c'est-à-dire le stok, qui est nos actions françaises; les bonds de construction, qui sont de véritables obligations, ayant leur gage dans la voie et le matériel roulant, et qui avaient échoué à la première émission tentée par le général, et enfin les land-grant bonds ou obligations garanties par une première hypothèque sur les terres de concessions et régularisées, conformément à la loi, par un contrat sousrrit au profit de deux fidéicommissaires ou *trustees* chargés d'émettre ces bonds;

Attendu que, pour faire face à ses embarras, la Compagnie eut encore recours à cette dernière forme d'emprunt et émit deux séries de land bonds sur les terres à acquérir en vertu de sa charte, et portant, l'une sur les 150 premiers milles de Jefferson à Paris, l'autre sur les 150 seconds milles de Paris à Palo-Pinto ; que ne pouvant, malgré son nom et sa haute position, trouver le placement de ces bonds aux États-Unis, le général Frémont résolut de faire appel au crédit étranger et confia la négociation de ces valeurs en Angleterre, en Allemagne ou en France au prévenu Probst, ancien fournisseur des armées au Mexique, qui se trouvait à New-York et que lui recommandait d'ailleurs Gauldrée-Boileau, alors consul aux États-Unis et son beau-frère ;

Qu'il le nomma donc l'agent général de la Compagnie du Memphis El Paso en Europe, et passa avec lui, dans le courant de mars 1867, un traité qui fixait à 5 millions de dollars (25 millions) le montant des land-grant bonds à émettre, leur négociation à 60 pour 100 de leur valeur nominale en or, et, au profit de cet agent, une commission de 6 pour 100 sur les sommes réalisées et de 3 pour 100 sur les fournitures de matériel à faire à la Compagnie, avec promesse de lui réserver, en cas de succès, une seconde émission de pareille somme ;

Attendu qu'après avoir cédé, en reconnaissance de ce service, un tiers de sa commission à Gauldrée-Boileau, Probst revint en France et essaya vainement de négocier les land bonds sur les marchés de la Belgique, de la Hollande et de l'Angleterre, où ils affluent cependant par milliards ; que, pressé d'en finir par le général et Gauldrée-Boileau, il prit le parti de s'adjoindre, en lui cédant une partie de sa commission, un ancien ingénieur de la Compagnie d'Orléans, le prévenu Lissignol, dont il connaissait l'intelligence et l'activité, et qui le mit bientôt en rapport avec Crampon et Paradis, l'un directeur du journal la *Finance*, l'autre directeur du journal le *Moniteur des Tirages financiers*;

Qu'il intervint alors, à la date du 17 août 1868, entre Probst et Crampon un traité qui avait pour clauses principales: 1° la vente par la Compagnie du Memphis de huit mille quatre cents bonds hypothécaires de 1,000 dollars, au prix de 60 pour 100 de leur valeur nominale en or; 2° l'émission de ces bonds au taux normal de 75 pour 100, soit 810 francs de bénéfice par titre pour le banquier; 3° la faculté de fractionner les titres en bonds de 500 et de 100 dollars, à la condition expresse de leur admission à la cote officiele de la Bourse de Paris; 4° la réserve d'une commission de 1/2 pour 100, destinée exclusivement à la rémunération des démarches à faire pour l'obtention de la cote;

Que Crampon transféra le même jour ce contrat à Paradis avec un bénéfice de 2 pour 100 que vint augmenter, le 12 janvier 1869, une clause additionnelle lui réservant un dixième sur les résultats nets de l'opération totale ou partielle de l'émission des bonds par le banquier, son concessionnaire;

Attendu que ces divers traités assuraient, d'une part, des bénéfices et des commissions considérables aux prévenus, en dehors même des proportions usitées sur le marché, savoir :

Étant donnée la souscription à 8,400 land bonds: 1,557,360 francs à Probts pour la commission de 6 pour 100; 865,200 francs à Crampon; 5,731,750 francs à Paradis et à Poupinel; soit 8,154, 310 francs à prélever sur 25,960,000 francs indépendamment des sommes qui montent à plusieurs millions, et que devaient s'attribuer plus tard le général Frémont, Gauldrée-Boileau et Auffermann :

Que ces mêmes traités obligeaient, d'un autre côté, les agents de la Compagnie du Memphis El Paso à obtenir la cote des bonds à la Bourse de Paris, et mettaient Crampon, Paradis et son cointéressé Poupinel dans la nécessité d'assurer, par une très-grande publicité, le placement des valeurs achetées par eux ;

Qu'ils se trouvaient ainsi placés, les uns en présence des difficultés que soulevait l'obtention de la cote, les autres en lutte avec les répugnances excitées par l'émission d'une valeur inconnue jusqu'à ce jour sur le marché français ; tous enfin en face de leur intérêt au succès de la négociation ;

Attendu que, le traité à peine conclu, Probst et Lissignol, devenu l'ingénieur de la Compagnie, se mirent en mesure d'obtenir un certificat de cote au Stock-Exchange de New-York et de créer le seul intérêt qui pût motiver l'admission des land bonds à la cote officielle de la Bourse de Paris, c'est-à-dire l'ouverture du marché américain à l'industrie métallurgique française, et donner ainsi à ces land bonds le certificat d'origine et, en quelque sorte, le passeport imposé par les banquiers, en vue d'attirer le public à la souscription ;

Qu'ils firent, les 5 et 7 septembre 1868, des marchés de rails et de locomotives pour 14 millions avec MM. André Kœchlin et Cie, de Mulhouse, et la Compagnie de Vezin Aunoye, à Maubeuge, marchés subordonnés à l'admission des land bonds à la cote de la Bourse de Paris, payables en argent par un traité qui devait rester secret et moitié en argent, moitié en bonds de Memphis El Paso, par un second traité du même jour, destiné à être présenté au Ministère des finances et au Syndicat des agents de change, comme intéressant à un haut degré les grandes usines de France.

Attendu qu'à New-York et malgré la présence et l'intervention de Gauldrée-Boileau, qui avait à peine quitté Paris depuis deux mois, y avait vu Crampon et comptait assez sur le succès de l'affaire pour avoir, avant son départ, indiqué à Probst l'emploi des 750,000 fr. à provenir de sa commission, les demandes de ratification des marchés français vinrent tout d'abord échouer contre un double obstacle: l'obligation imposée par la charte de concession, d'employer un matériel fabriqué en Amérique et l'usage invariable de ne coter à Wall-Street que les land bonds de chemins en pleine exploitation, leur valeur ne devenant en effet certaine que par cette exploitation et la vente des terres à la colonisation;

Que ces difficultés sont signalées à plusieurs reprises par la correspondance du secrétaire de la Compagnie à New-York et par celle de Gauldrée-Boileau, annonçant, le 14 septembre 1868, l'arrivée d'Auffermann à Paris, et disant : « Retardé par divers incidents qu'il vous expliquera, M. Auf- « fermann se mettra en route après-demain. Il vous expliquera « les difficultés qu'a soulevées la cote officielle souhaitée par « tous, que les meilleures valeurs, entre autres les bonds « du Central Pacific, qui font 4 de prime, ne sont pas cotés « officiellement à la Bourse de New-York, que la règle est de « n'y coter que les bonds de chemins de fer achevés et fonc- « tionnant » ;

Attendu toutefois que, sur l'insistance de Probst et de Lissignol, les marchés de matériel français furent d'abord ratifiés et appliqués par suite de l'intervention de Gauldrée-Boileau au chemin de fer de Costa-Rica, dont le contrôle appartenait au général Frémont; que, plus tard, et pour obéir à un télégramme de l'agence de Paris, transmis à la fin de septembre 1868, et ainsi conçu : « Il faut que les bonds du Memphis soient « cotés à Wall street environ à 108, » il fut enfin annoncé de New-York que deux certificats de l'admission à la cote du Stock-Exchange seraient exécutés selon les prescriptions d'Auffermann et expédiés en France;

Qu'en effet, Probst recevait, à la fin de novembre 1868, le certificat qui suit et qui est daté de New-York, du 27 octobre : « Par ordre du Conseil des directeurs, il est certifié

« par le présent que les obligations de première hypothèque « des terrains de la Compagnie du Memphis El Paso and Paci- « fic, qui sont émises par deux séries de 5 millions de dollars « chaque, s'élevant en tout à 10 millions de dollars en obli- « gations de 100 à 1,000 dollars, sont admises à la négociation « à la Bourse de New-York » ;

Qu'en même temps, et pour donner encore plus d'apparence de vérité à ce certificat, la Compagnie du Memphis faisait insérer dans les journaux des États-Unis, et entre autres dans le *New-York Tribune*, du 30 octobre 1868, l'annonce suivante : « *First Mortgage land bonds* 6 °/₀ de la Compagnie du Mem- « phis El Paso and Pacific R. R. principal et intérêts en or « offerts à 105, en papier-monnaie par Bundall et Hulson, et « par Corn et Auffermann » ;

Attendu que pendant ce temps Gauldrée-Boileau, nommé ministre plénipotentiaire à Lima, le 18 octobre 1868, était revenu à Paris dans le courant de novembre, et s'était mis immédiatement en relations avec Probst et Lissignol; que dès lors leurs efforts communs tendent à obtenir la cote officielle à la Bourse de Paris; qu'ils se servent, dans ce but, du certificat du Stock-Exchange; que le 4 février, Probst adresse au Syndicat des agents de change une lettre dans laquelle se révèle pour la première fois et le nom du « Transcontinental » et la pensée bien arrêtée déjà de ce servir de ce nom dans la publicité; qu'il demande, au nom du général Frémont, président de la Compagnie, l'admission à la cote officielle de Paris pour les deux séries de bonds portant, l'une sur la subvention en terres de Jefferson à Paris, l'autre, sur la section de Paris à Palo-Pinto, soit 3,800 bonds pour la première et 1,200 pour la deuxième, par coupures de 1,000 dollars ;

Qu'il invoque, à l'appui de cette demande, les intérêts de l'industrie métallurgique française, l'avantage pour elle de disputer à l'Angleterre et à l'Allemagne le marché américain, les achats faits aux constructeurs français, et l'intérêt de la Compagnie de Memphis à payer une partie du prix au moyen de ses bonds, ainsi que le nom de M. Gauldrée-Boileau, son autorité comme ancien consul général à New-York pendant douze ans, nommé récemment ministre plénipotentiaire, et sa présence à Paris, présence qui lui permet de donner sur cette demande les renseignements les plus efficaces ;

Attendu qu'après deux conférences avec M. Roland-Gosselin, rapporteur du Syndicat des agents de change, l'une au siége de la Société du Memphis, où se trouvaient Gauldrée-Boileau, Probst et Lissignol, l'autre dans les salons du Ministre des affaires étrangères, la cote était accordée par la Chambre syndicale le 8 mars 1869 et les valeurs admises à la négociation le 16 du même mois, mais seulement pour la première série de 3,800 bonds, réservant la seconde de 1,200 bonds, après justification faite par la Compagnie qu'elle avait acquis la possession définitive d'une nouvelle quantité de terrains ;

Attendu que cette admission à la cote officielle est le résultat de manœuvres habiles ; qu'il est en effet démontré par les débats que le certificat de la cote à New-York est faux ; que les prévenus Probst, Lissignol et Gauldrée-Boileau ne pouvaient se faire illusion sur la valeur de cette pièce, en raison : 1° de l'impossibilité de l'obtenir, signalée d'abord par les agents de New-York et par Gauldrée-Boileau lui-même ; 2° des efforts tentés pour remplacer le certificat du Stock-Exchange par un certificat de banquiers ; 3° de ce fait que la Compagnie n'avait jamais émis de bonds sur la place de New-York et que ceux sortis de sa caisse avaient été donnés en nantissement ;

Qu'il résulte également des débats que l'intérêt industriel, l'intérêt français n'était qu'un moyen d'obtenir la cote ; qu'en effet les prévenus payaient non pas en bonds, mais en argent, les constructeurs français et passaient au même moment avec le marché belge des traités pour 6,700,000 francs ;

Qu'ils invoquent en vain leur bonne foi, quand on les voit, d'une part, recourir à la corruption et distribuer à des agents intermédiaires restés inconnus, une somme de 230,471 francs, et, d'autre part, fractionner, après une demande d'admission à la cote, les bonds de 1,000 dollars en coupures de 500 et de 100 dollars, allant chercher plus particulièrement les petits capitalistes et l'épargne ;

Attendu que Gauldrée-Boileau a, de son côté, participé visiblement aux manœuvres qui ont préparé l'escroquerie ; qu'au mépris des devoirs les plus vulgaires de ses fonctions, il a stipulé d'abord, pour sa part, un intérêt de 3 pour cent sur le montant des sommes encaissées par la Compagnie;

Que peu après, et cette responsabilité lui pesant pour l'avenir, il a remplacé cette commission par la vente de deux cent quarante-huit bonds apportés par lui de New-York, et dont il a touché le prix sur les premiers fonds de l'émission ; qu'il donne à la vérité à ce paiement les caractères d'une restitution de la dot de sa femme, dilapidée par Frémont, mais qu'il n'apporte aux débats que sa parole, contredite par le général lui-même, qui a réclamé cette somme comme un dépôt social ; qu'ainsi accusé par ses coprévenus, par sa conduite et les anxiétés de sa correspondance, il ne saurait y avoir de doutes sur sa culpabilité, atténuée cependant dans une certaine mesure par le fait plus ou moins spontané et volontaire du remboursement des 766,000 francs qu'il avait reçus des mains de Probst ;

Attendu qu'après l'obtention de la cote officielle à la Bourse de Paris par les moyens qui viennent d'être exposés, il ne restait plus aux prévenus qu'à recueillir les bénéfices frauduleux d'une spoliation si habilement préparée ;

Qu'ils firent alors appel à la publicité et par elle à la

souscription publique ; que le 3 avril 1869, Paradis conclut, dans ce but, deux traités, l'un pour 100,000 francs d'annonces aux dix grands journaux de la régie Fauchez, Laffitte, Bullier et Cie, l'autre, de 60,000 francs destinés à payer les articles des journaux de l'agence Lagrange, Cerf et Ce et de 40,000 francs pour l'insertion de réclames dans cent soixante-dix journaux des départements, avec cette clause que tout journal, qui se livrerait à une critique, serait exclu du bénéfice de la publicité ;

Attendu que la parole des journaux ainsi acquise et leur silence payé, la publicité devint entre les mains de la Compagnie Probst et Lissignol et des prévenus Crampon et Poupinel un véritable monopole de mensonges et une odieuse spéculation sur la crédulité publique ;

Que, dès le 18 mars, Crampon, dans un article de la *finance*, et Poupinel dans deux articles du *Moniteur des Tirages financiers*, puis, après eux, toute la presse financière, tous les grands journaux de Paris, le *Journal officiel* lui-même, développèrent, dans de longs articles accompagnés de cartes et de plans les avantages financiers, géographiques et patriotiques du Transcontinental, pendant que les murs de Paris et de la province étaient, à leur tour, couverts d'affiches représentant la ligne nouvelle, serpentant, à travers les régions américaines, avec l'océan Atlantique à une extrémité et l'océan Pacifique à l'autre ;

Attendu qu'il semble, en lisant cette publicité, que la faveur accordée par le Syndicat des agents de change et le Gouvernement à la société du Memphis-El-Paso, justifie toutes les exagérations et tous les mensonges, et dégage toutes les responsabilités ;

Qu'on ne saurait en vérité discuter la bonne foi des prévenus qui, sans pièces, sans documents authentiques et pour avoir à tout prix un succès d'émission, font d'une Compagnie minée une Compagnie sans rivale, d'un chemin de fer toujours resté à l'état de projet, confisqué quelques mois après, la grande artère des États du Sud et font publier ou publient avec toutes les audaces de la réclame que les bonds offerts par eux à la souscription ont pour gage les revenus immenses des sections qui convergent de l'Atlantique à Memphis sur un parcours de 1,400 kilomètres, les terrains de la ville de Norfolk, la garantie, par le congrès des États-Unis, de l'intérêt de 6 °/₀ attaché aux land bonds, l'admission aux cotes de New-York et de Paris, le paiement en bonds du matériel commandé aux constructeurs français, et quoi qu'il arrive, la sécurité absolue de l'hypothèque et la responsabilité de l'État envers les créanciers ;

Attendu que cette publicité, continuée pendant deux mois, n'a été qu'une longue et impudente manœuvre destinée à induire le public en erreur par sa hardiesse et ses exagérations sans précédents ;

Qu'elle a été traitée en Amérique de fraude colossale, et que Gauldrée-Boileau dût s'en faire le complice en la défendant à New-York par des articles de journaux, et conjurer ainsi le danger incessant des demandes de renseignements venues de France ;

Que des voix discordantes s'étant élevées, on acheta les unes et on imposa silences aux autres par des menaces ou des demandes de dommages-intérêts allant à plusieurs millions et abandonnées par ce que la Compagnie n'avait en réalitéi et malgré les affirmations contraires d'un article destiné à écraser ses adversaires, aucun moyen de prouver la fausseté des faits qui lui étaient imputés ;

Attendu qu'en regard d'une telle situation, il y a à peine lieu de s'arrêter au voyage du général Frémont appelé en France pour faire taire cependant la diffamation à la publication de sa brochure donnant un démenti timide à ses agents et au second traité passé en décembre 1869 par Crampon pour le placement des bonds restant sur la première série ;

Que tout cela n'a été que la continuation des mêmes moyens d'escroquerie et que l'exploitation des souscripteurs pour une nouvelle somme de 1,648,000 francs ;

Qu'il suffit également, pour apprécier la moralité des agents de la Compagnie, de rappeler que la première série de bonds, comprenant 3,800 titres de 1.000 dollars, soit 14,800,000 francs, valeur réalisée à l'émission, avait seule été admise à la cote officielle ; que ce chiffre a été dépassé et porté, par les coupures négociées à la coulisse à 5,328 bonds de 1000 dollars, représentant une valeur de 20,600,000 francs ; qu'en faisant admettre les bonds à la cote, ils n'avaient évidemment qu'un but, créer un marché public, s'abriter derrière les agents de change et faire à leur gré la hausse ou la baisse des valeurs du Transcontinental, ainsi que l'atteste une lettre de Crampon à Probst, du 12 juin 1870 : « Vous reconnaîtrez que de mon côté et du côté des courtiers, la besogne a été loyalement et largement faite. Parfois, pour équilibrer le marché, il a fallu absorber trois cent à quatre cent mille francs de titres à la fois et les garder à ses risques et périls pendant plusieurs semaines, jusqu'à ce que des demandes régulières sur le marché absorbassent ces titres. D'ailleurs, les résultats acquis sont assez éloquents, malgré les attaques dont la Compagnie était l'objet, malgré le mauvais vouloir de beaucoup de personnes, la confiance a été rétablie, les cours se sont relevés de 560 dollars à 780 dollars ; »

Attendu, en résumé que Lissignol et Gauldrée-Boileau ont pris part aux manœuvres destinées à obtenir la cote et à celles de la publicité ; que les unes et les autres ont eu pour but de faire croire à l'existence d'une entreprise chimérique et d'escroquer des sommes considérables au marché français ;

Que Crampon a été l'âme de la publicité ; qu'il y est

lié, malgré ses dénégations, par ses deux traités, les bénéfices qu'ils lui assurent et la réserve des émissions futures :

Que la complicité de Poupinel se révèle également par la publication de deux longs articles signés de son nom et publiés les 6 avril et 5 mai 1869, dans le *Moniteur des Tirages financiers*, par la position qu'il occupait dans la maison de Paradis, et par la saisie à son domicile d'une note relative à la comptabilité secrète du *Moniteur des Tirages financiers*, et ayant pour but de dissimuler les bénéfices produits par l'émission des bonds du Transcontinental, et sur lesquels il lui est revenu, de son aveu même, une somme considérable

Attendu enfin qu'Auffermann et le général Frémont sont, le premier l'auteur du faux certificat de la cote à New-York, payé tout à la fois par une commission de 267,000 francs et par un détournement personnel de 693,000 francs, le second, le complice d'une publicité mensongère qu'il est venu soutenir de sa plume et de son nom à Paris, et le recéleur qui a dilapidé une somme de plus de 6 millions ;

Attendu que ces responsabilités pénales entraînent des dommages-intérêts au profit des souscripteurs qui se sont portés parties civiles ;

Qu'en se reportant aux résultats de l'émission des bonds du Memphis El Paso, on constate que cette émission a produit 20,600,000 francs, sur lesquels il a été prélevé :

1° Pour les frais de publicité, 637,900 francs ;

2° Pour les commissions : premièrement, de Crampon, 775,000 francs ; deuxièmement, de Paradis, 2,538,000 francs ; troisièmement, de Probst, 658,000 francs ; quatrièmement, de Lissignol, 329,000 francs ; cinquièmement d'Aueffrmann, 267,000 francs ; sixièmement, de divers, 118,000 francs ; septièmement, de Gauldrée-Boileau, 766,000 francs.

3° Pour les coupons des intérêts, 1,981,000 francs.

4° Pour les marchés des constructeurs français, 2,752,000 fr.

5° Pour les frais généraux d'administration, 419,000 francs.

6° Pour le rachat de bonds détournés, 893,000 francs.

7° Envoi au général Frémont, 6,466,000 francs.

Soit, au total, 18,590,000 francs;

Attendu que la somme de 6,466,000 francs envoyée en Amérique aurait été dissipée par le général Frémont, soit en commissions s'élevant à 3,500,000 francs, soit à des frais généraux ou à des dépenses sans utilité pour la Société;

Que, d'ailleurs, compte lui est demandé par le syndic de a faillite du Memphis;

Attendu que les porteurs de bonds se trouvent en réalité dans la situation la plus précaire;

Que la Société du Memphis El Paso est grevée d'un passif minimum de 30 millions; qu'elle n'a pour actif que la somme de 2 millions trouvée dans sa caisse à Paris et remise à M. Gray; 766,000 francs restitués par Gauldrée-Boileau; 3 milles de chemin construit et 70 milles terrassés sur un embranchement, et enfin une charte et des concessions de terres confisquées en 1869 par une ordonnance de l'État du Texas, ordonnance qui est en ce moment l'objet d'un procès à la cour suprême des États-Unis;

Que, dans cette situation désastreuse, les porteurs de bonds n'ont plus que deux partis à prendre, ou réunir un nouveau capital suffisant pour éteindre les anciennes dettes de la Compagnie et achever la ligne avant la fin de l'année 1876, ou traiter, comme le leur propose M. Gray, avec la dernière Compagnie incorporée par le Congrès, le Texas-Pacific, qui achèterait la charte du Memphis El Paso et donnerait, en paiement du chemin et des bonds, 700,000 acres de terre en toute propriété, afin de n'avoir plus souci des coupons ou des intérêts;

Que tel est donc le dernier mot de ce bilan : une transaction possible, si la cour suprême déclare, comme en première instance, la confiscation des terres du Memphis illégale; rien, si la Cour infirme et déclare cette confiscation définitive;

Attendu que deux mille quarante-quatre porteurs de bonds représentant 3,604,000 dollars (18 millions) se sont ralliés à cette seule chance de salut, et ont adhéré aux propositions de M. Gray, tandis qu'un autre groupe d'obligataires, au nombre de quatre cent-soixante, les repousse et conteste son intervention aux débats en le représentant comme l'homme du général Frémont, et en quelque sorte le complice des prévenus;

Attendu, sur ce point, que les débats ne justifient en rien ces allégations; que M. Gray est protégé par son caractère et par la mission qu'il tient de la Cour suprême des États-Unis; que sa qualité de séquestre a été reconnue en France; que nommé ensuite syndic (receiver) de la faillite du Memphis El Paso, par jugement du 31 janvier 1871, il a incontestablement le droit d'intervenir au procès et conclure éventuellement à des dommages-intérêts;

Qu'il est d'ailleurs de toute équité d'admettre sans distinction tous les porteurs de bonds qui se présentent aujourd'hui à la réparation du préjudice qui leur a été causé par le fait des prévenus;

Attendu, en outre, qu'il y a lieu de prononcer, au profit de l'État, la confiscation de 50,000 francs formant le cautionnement de Probst, non comparant;

Vu les articles 56, 60, 62 et 405 du Code pénal, ensemble les articles 122 et 123 du Code d'instruction criminelle;

Condamne le général Frémont, Auffermann et Probst chacun à cinq ans de prison et 3,000 francs d'amende;

Crampon à quatre ans de prison et 3,000 francs d'amende;

Gauldrée-Boileau à trois ans d'emprisonnement;

Lissignol à deux ans de prison et 3,000 francs d'amende;

Poupinel à un an de prison et 3,000 francs d'amende;

Ordonne la confiscation des 50,000 francs formant le

cautionnement de Probst, et celle des cautionnements fournis par les présents, dans les limites de l'article 123 du Code d'instruction criminelle;

Condamne solidairement tous les prévenus à donner des dommages-intérêts par état aux parties civiles;

Dit qu'il n'y a lieu de statuer sur le surplus des conclusions présentées par Me Duval;

Condamne les prévenus et les parties civiles aux dépens, sauf le recours de ces dernières contre qui de droit. »

Tel est le jugement.

XXIII

Je prends un à un les paragraphes où mon nom se rencontre.

« Probst prit le le parti de s'adjoindre un an-
« cien ingénieur de la Compagnie d'Orléans, le
« prévenu Lissignol qui le mit bientôt en rapport
« avec Crampon et Paradis, l'un directeur de la *Fi-*
« *nance*, l'autre directeur du journal le *Moniteur des*
« *Tirages financiers.* »

Qui ne croirait, en lisant ce passage, que c'est avec M. Crampon, directeur d'un journal d'émissions industrielles, que les relations se sont établies et ont été poursuivies? Or, je n'étais que le correspondant parisien de la *Finance*, journal belge, journal en commandite par action, journal où je n'avais pas droit de faire d'émissions, journal qui n'en a jamais essayé, journal qui n'avait aucune possibilité même d'en tenter, journal qui n'eût pas placé *dix* bonds, au prix d'efforts inimaginables.

C'est à moi, *simple particulier*, non-banquier, non-émetteur (cela est de notoriété publique), que Probst s'adressait, non pour placer les bonds, mais pour procurer un banquier qui consentît à les placer. Et l'événement démontre la vérité de cette allégation, puisque aussitôt le traité passé avec moi, à la date même, à la même minute, Probst donne *simultanément* sa signature au traité et sa signature au transfert de ce traité à M. Paradis.

Le jugement, en accouplant ces deux désignations aux noms de Crampon et de Paradis, « l'un directeur « du journal la *Finance*, l'autre directeur du jour- « nal le *Moniteur des Tirages financiers*, » n'a qu'un but, celui de me transformer d'intermédiaire en émetteur, de m'accoupler avec l'émetteur, de pouvoir enfin me condamner au lieu et place du seul banquier de l'émission, qui est M. Paradis, aujourd'hui décédé, et qui naturellement échappe à l'action de la justice (1).

(1) Alors même que j'eusse été le directeur de la *finance*, ou l'unique propriétaire de ce journal dont la propriété était en actions belges, alors même que la Compagnie eût été assez bête de traiter, pour le placement de ses bonds, avec un journal qui n'avait jamais et n'a jamais fait d'émission et qui était dans l'impossibilité de

Les deux paragraphes qui suivent mentionnent encore mon nom, mais sans spécifier le moindre acte délictueux.

« Attendu qu'il intervint alors, à la date du 17 « août 1868, entre Probst et Crampon un traité qui

---

de placer seulement une obligation dans le public, alors même que la Compagnie eût été assez bête pour cela (hypothèque admissible, puisque plus tard elle a bien traité avec un médecin, le docteur Turain-Dépalle), — moi, je n'eusse pas été assez sot de me laisser donner le titre de *directeur de la* FINANCE dans le traité que je passais instantanément à Paradis *directeur du* MONITEUR DES TIRAGES, — d'abord parce que je n'étais pas le directeur de la *finance* et QUE JE NE POUVAIS LÉGALEMENT CONTRACTER A CE TITRE, — ensuite parce que c'eût été courir un risque si Paradis n'exécutait pas ou exécutait mal le traité et que la Compagnie lui intentât un procès, que la Compagnie trouvât un prétexte de m'impliquer dans le procès fait en rèel émetteur, en assimulant le rôle du premier titulaire, Crampon, et le rôle du deuxième titulaire, Paradis, à l'aide de ces deux désignations similaires; Crampon, *directeur de la* FINANCE et Paradis, *directeur du* MONITEUR DES TIRAGES. — Ma terreur d'être mêlé à un procès, soit de la Compagnie à Paradis, soit de Paradis à la Compagnie, était telle que j'avais grand soin de stipuler, en transférant le traité, et de faire ratifier par Probst et par Paradis que le transfert me dégageait de toute responsabilité ultérieure envers les deux parties et de toute responsabilité des actes de l'une des deux parties à l'égard de l'autre. — Comme il était de notoriété publique que je n'avais pas de maison de banque, pas de journal en France, pas de moyen de placement quelconque, que je n'étais ni courtier, ni coulissier, ni remisier, il était évident, même en dehors, de cette clause, que c'était comme *simple particulier*, EXCLUSIVEMET A TITRE D'INTERMÉDIAIRE CHARGÉ DE TROUVER UN **contractant réel**, que la avait traité avec moi.

« avait pour clauses, etc. » (Suivent les clauses.)

« Attendu, que Crampon transféra le même jour « ce contrat à Paradis avec un bénéfice de 2 °/₀, « que vint augmenter, le 12 janvier 1869, une clause « additionnelle, lui réservant un dixième sur les « résultats nets de l'opération totale ou partielle de « l'émission des bonds par le banquier son cession- « naire. »

D'abord, rectifions un mot destiné à établir une confusion dans l'esprit de quiconque lit ce jugement. En lisant : « *une* clause additionnelle, » le lecteur suppose naturellement qu'il s'agit d'une *clause ajoutée au traité* passé par Probst avec moi et transféré par moi à M. Paradis. Or, rien n'est moins exact. Ni Probst, ni la Compagnie n'avaient rien à voir à cette promesse de M. Paradis à moi donnée sous forme de lettre et si peu formelle qu'elle interdisait à mes ayant-droit, si je mourais, de demander des comptes à M. Paradis.

Autre confusion de mots : « clause addition- « nelle réservant à Crampon un dixième *sur les ré- « sultats nets* de l'opération totale ou partielle de « l'émission des bonds. » Qui ne ressent, en lisant cette phrase, l'impression que j'avais *le dixième des résultats de l'émission* ? Or, je devais avoir *le dixième des bénéfices nets du banquier*, tous frais de publicité, d'administration, de courtage déduits. En un mot, si le banquier gagnait *brut* trois millions, et en dépensait un, je devais avoir 200,000 francs. Le banquier a gagné 2,800,000 francs. J'ai reçu 200,000 francs.

Or où y a-t-il un délit en tout cela, même en acceptant les faits sous le reflet malveillant dont les colore intentionnellement le style du jugement?

XXIV

Voyons ce qui suit :

« Attendu que ces divers traités assuraient, d'une « part, des bénéfices et des commissions considé- « rables aux prévenus. »

Quels sont les prévenus? Probst, Gauldrée-Boileau, Lissignol, Paradis mort et moi.

Or où est-il question dans le traité conclu par Probst avec moi comme intermédiaire et avec Paradis véritable titulaire, où est-il question des commissions de Probst, de Gauldrée-Boileau et de Lissignol, *alors qu'il y est exprimé formellement au contraire et d'une façon précise que la Compagnie touchera intégralement 60 °/₀ en or ou dollars à 5 fr. 15 c.?* Est-ce que le traité est passé avec Probst, simple particulier? Non! Il est passé avec Probst déclarant agir et signer, en vertu d'une procuration, *au nom de la Compagnie*. Probst, pour moi et pour Paradis, n'était pas un intermédiaire, mais L'AGENT SALARIÉ D'UNE COMPAGNIE. Il ne pouvait venir à l'idée de personne que, traitant au nom d'une Compagnie, il eût à percevoir une Commission. Il s'est bien gardé de se donner à moi ou à Paradis comme un intermédiaire et de nous avouer qu'il dût avoir 6 °/₀ ou 3 °/₀, devinant parfaitement que cet aveu eût immédiatement tout rompu. Quel prétexte eût-il eu d'ailleurs, s'il eût fait cet aveu, d'exiger de Paradis la stipulation à son profit de 1/2 °/₀, en outre des 60 °/₀ payables à la Compagnie, pour le rémunérer des démarches qu'il entreprendrait pour la cote ? Bien loin d'avouer qu'il dût avoir une commission, il a affirmé qu'il n'en avait aucune.

Et M. Lissignol a appuyé cette affirmation. Oh ! pour M. Lissignol, il est certain que ni moi, ni le banquier ne nous fussions étonnés qu'il eût une commission, mais une commission payée en dehors de la Compagnie et non pas une commission prélevée sur les 60 °/₀ stipulés au traité *payables à la Compagnie*.

Comment ! je demande à la Compagnie : « Quelle « commission me donnerez-vous si je vous trouve « un banquier ? » — La Compagnie me répond par la bouche de Probst, son représentant : « Aucune. « Arrangez-vous comme vous voudrez. Trouvez « quelque combinaison avec le banquier. Il faut à la « Compagnie 60 °/₀ net en or. » — Et j'aurais pu supposer, quand la Compagnie me refusait à moi une commission, à moi *qui devais chercher et trouver un banquier* qu'elle en donnait une à Lissignol *qui n'avait ni à chercher, ni à trouver de banquier*?

C'est précisément parce qu'une pareille supposition était impossible, absurde, illogique; c'est précisément parce que Lissignol me déclarait agir sans commission, mais exclusivement par le désir de devenir l'ingénieur de la grande Compagnie dont il proposait les bonds, chargé par elle d'achats de matériel en France, que j'ai abandonné à Lissignol, au lieu du *tiers* de ma commission de 2 °/₀, chiffre qu'il sollicitait, les *deux tiers* de la seconde moitié.

Et qu'on ne dise pas que Lissignol, en agissant ainsi avec moi, ne faisait que ce que je faisais moi-même, acceptant d'un côté et acceptant de l'autre pour avoir le plus possible. — Moi, je ne touchais pas des deux côtés. Je ne touchais que du côté du banquier. Le banquier savait fort bien, lorsqu'il m'accordait un supplément du dixième de ses bénéfices nets en compensation du tiers de ma commission que je lui avouais devoir donner à un tiers, il savait fort bien que je touchais déjà 2 °/₀ moins un tiers, *puisque c'était, lui* banquier, *qui devait payer ces 2 °/₀*.

Quant à Gauldrée-Boileau, comment le plus malin des banquiers eût-il pu deviner que le Consul général de France à New-York toucherait une commission pour m'avoir donné un renseignement dans une entrevue de cinq minutes à Versailles ?

De toutes ces commissions indûment prélevées, profondément irrégulières, il n'est pas dit un mot dans le traité passé pour l'émission, et si elles eussent pu être soupçonnées, jamais je n'eusse consenti à être l'intermédiaire de ce traité, jamais M. Paradis n'eût consenti à en être le titulaire définitif et responsable.

Il n'est question dans le traité *d'aucune commission*, sauf le dédommagement de 1/2 °/₀ accordé à Probst, mais de DEUX BÉNÉFICES PERMIS, LICITES EN TOUS PAYS, LÉGITIMES DEVANT LES CONSCIENCES LES PLUS TIMORÉES.

XXV

La Compagnie demande 60 °/₀ en or. Le traité les lui accorde. La Compagnie exige que les 60 °/₀ soient payés en dollars à 5 fr. 15 c. Le traité le lui accorde. La Compagnie exige que le banquier lui tienne compte d'une portion du coupon en cours attaché au titre en sus des 60 °/₀, clause qui ne se formule jamais. Le traité le lui accorde.

Le traité ne pouvait pas, cependant, qu'on l'avoue, donner à la Compagnie plus qu'elle ne demandait. C'était déjà beaucoup que d'accepter ces conditions.

Ces conditions posées par la Compagnie, une fois acceptées par le banquier, je demande, *au banquier*, une commission de 2 °/₀ à titre d'intermédiaire. N'était-ce pas mon droit? La plus stricte morale, la délicatesse la plus scrupuleuse trouvent-elles quelque chose à critiquer dans cette exigence? Le banquier était libre d'y acquiescer ou de n'y pas acquiescer. S'il n'y eût pas acquiescé, je ne mettais pas Probst et Paradis en présence. Rien de plus, rien de moins. Mais le banquier acquiesça à ma proposition. N'est-ce pas là un marché régulier, honnête, loyal?

Le jugement apprécie que mon bénéfice est « en dehors des proportions usitées sur le marché. » L'opinion publique partagera-t-elle cet avis? Un bénéfice de 2 °/₀ est un beau bénéfice, mais le chiffre est normal et sans exagération. Et puis, je le répète, ce n'était pas la Compagnie qui payait ces 2 °/₀, c'était le banquier.

Paradis, lui, a tout le bénéfice du prix de revente des bonds, au-dessus de 62 1/2, augmenté du décompte des coupons (ce dont le jugement ne parle jamais, bien entendu, quoique ce décompte représente une moyenne de 1 1/2 °/₀ en sus, ce dit 1 1/2 °/₀, d'après l'usage du marché français, ne pouvant être compté au public qui achèterait des bonds à Paradis). Quoi de plus loyal! C'est un bénéfice, ce n'est pas une commission.

XXVI

Pour lui donner le caractère de commission, il a fallu que l'expert commît, dans son rapport, l'anomalie monstrueuse, lorsqu'il est chargé d'étudier les faits et gestes de la Compagnie, quant à l'emploi des fonds, de substituer au total des fonds accusés par les livres de la Compagnie comme résultant de la cession des bonds à un banquier au taux de 60 %, le total des fonds accusés par les livres du banquier qui a revendu les bonds au public. Il résulterait d'une telle méthode, si elle s'implantait en France, que pour avoir la comptabilité des chemins Lombards on ne consulterait pas les chiffres donnés par les livres de la Compagnie, mais les chiffres donnés par les livres de la grande maison de banque qui a placé les actions et les obligations du Lombard. Et si le banquier, émetteur des obligations d'une Compagnie, perd au lieu de gagner sur l'émission (tout arrive, on a vu des banquiers, et plus d'un, se ruiner au jeu des émissions), appliquerez-vous encore cette étrange méthode de comptabilité, cette façon de fixer le capital d'une Compagnie, non sur le taux par elle stipulé au banquier, mais sur le taux de réalisation des titres par le banquier? Oh! si le banquier perd, je devine que vous jetterez la méthode au panier. C'est, du reste, en France, un préjugé dans le public, dans la magistrature, dans les Compagnies mêmes, qu'un banquier n'est jamais à plaindre, s'il perd, et qu'il est criminel, s'il gagne. Le crime, c'est le gain. De ses charges, de ses pertes, de ses non-valeurs, de ses frais administratifs, nul n'a cure. Par contre, si, sur trois opérations, il en fait une qui couvre les pertes inconnues du public que les deux autres ont eues pour résultat, le public ouvre les yeux, les journaux le crient sur les toits. Il a gagné, donc il est malhonnête. Ce préjugé sur les banquiers peut aller de compagnie avec cet autre préjugé que frauder le fisc est de bonne guerre, ou plutôt ce dernier préjugé n'est qu'un corollaire du premier, le fisc étant simplement un grand banquier social. Là où la foule voit manier beaucoup d'or et de billets, elle porte son envie, sa cupidité, ses mauvais instincts, et ne se préoccupe guère du résultat définitif de ce gros mouvement de fonds comme bénéfice.

XXVII

Je reviens au texte du jugement. Il continue :
« Étant donnée la souscription à 8,400 bonds :
« 1,537,360 francs à Probst pour la commission de

« 6 °/₀; 865,200 francs à Crampon ; 5,731,750 fr. ;
« à Paradis et à Poupinel, SOIT **8,154,310** FRANCS
« A PRÉLEVER SUR **25,960,000** FRANCS. »

Il n'y a pas un mot d'exact dans cet alinéa.

Tout-à-l'heure le jugement, adoptant la méthode de l'expert, prenait les chiffres donnés par les livres de l'émetteur pour les substituer aux chiffres donnés par les livres de la Compagnie, afin d'englober moi et l'émetteur dans les délits reprochés à la Compagnie.

Mais dès que le jugement a besoin d'un fantôme pour grossir la proportionnalité apparente du bénéfice, il abandonne cette méthode; il ne prend plus que le chiffre net que la Compagnie devait toucher, et, au lieu de dire : « 865,000 francs pour Crampon « et 5,731,750 fr. pour Paradis, soit 6,596,950 fr. « comme bénéfice en dehors de 25,960,000 francs « donnés à la Compagnie, » le jugement dit : « à « prélever sur 25,960,000 francs, » ce qui est faux, complétement faux.

En effet, il suffit de savoir multiplier 8,400 par 3,900 francs et 8,400 par 3,090 francs pour réduire à néant ce système de rapprochement des chiffres inexacts.

Paradis payait les bonds à la Compagnie 3,090 fr. (soit 60 °/₀ en dollars à 5 fr. 15). Donc s'il eût placé les 8,400 bonds, il eût payé à la Compagnie 25 millions 956,000 francs.

Il les revendait 3,900 francs, soit 810 francs plus cher, dit le jugement qui ne parle pas du décompte du coupon. Donc s'il eût placé les 8,400 bonds il eût touché 32,760,000 francs.

C'est sur l'écart entre 25,956,000 francs et 32,760,000 francs que Paradis m'eût payé 865,000 fr. et eût touché 5,731,000 francs comme bénéfice, et remboursement de ses frais, frais dont on ne soufffe jamais un mot, bien entendu. Il n'est pas naturel qu'un banquier gagne ; quant à sortir un million de sa poche d'avance, c'est naturel, c'est même un devoir; il a été créé pour cela !

Notons en passant ce qu'il y a d'étrange à s'appuyer non sur les bénéfices vraiment réalisés, mais sur *ceux qui eussent pu être réalisés* si telle chose qui n'a pas eu lieu avait eu lieu.

Toutefois, ce bizarre procédé une fois admis, encore conviendrait-il de n'altérer ni les faits, ni les chiffres.

Mais il fallait à toute force arriver à une combinaison d'optique qui laissât au lecteur superficiel cette double impression, à savoir : 1° que Paradis et Crampon pouvaient toucher ensemble 6,596,950 fr. (Crampon 865,200 fr. et Paradis 5,731,750 fr.) prélevés sur 25 millions, soit *plus du quart* de la somme réalisée ; 2° que le bénéfice de Crampon (865,000 fr.) et de Paradis (5,731,750 fr.), toujours dans l'hypothèse qu'on eût placé tous les bonds, était de même nature que la commission indûment prélevée par Probst (1,557,360 fr.) sur la somme de 25,960,000 fr. que le banquier eût *intégralement* remise à la Compagnie, s'il eût placé les 8,400 bonds, tout comme il lui a été remis intégralement autant de fois 3,090 fr. qu'il a placé de bonds.

XXVIII

Or la *vraie* vérité la voici :

Si les 8,400 bonds eussent été placés, il se fut passé ceci :

1° La Compagnie eût intégralement encaissé 25,960,000 francs ;

2° En dehors (et non pas en dedans) de ces 25,960,000 francs, Crampon eût touché 865,000 francs;

3° Toujours en dehors des 25,960,000 francs, Paradis eût touché 5,731,750 francs, dont il eût fallu déduire : A. Le 1/2 °/₀ donné à Probst, soit 216,300 francs; — B. Le 1 1/2 en moyenne représentant le décompte du coupon, soit 648,900 francs; — C. les frais de publicité et d'émission, les courtages d'agents, les sous-commissions de banquiers de province correspondants, soit environ 1,290,000 francs. — Le total de ces déductions étant de

2,065,000 francs, le bénéfice de Paradis eût été de 3,666,750 francs. — Voilà quel eût été le bénéfice du banquier, s'il eût placé les 8,400 bonds, et ce qui le prouve, c'est que l'expert, l'instruction, le réquisitoire établissent eux-mêmes que le bénéfice de Paradis n'a été que de 2,800,000 francs sur 20,600,000 francs. Si le bénéfice a été de 2,800,000 sur 20,600,000, il n'aurait pas pu être de 5,731,750 francs sur 25,960,000 francs.

Voilà ce qui se fût passé, et tout cela eût été normal et régulier, licite, comme tout ce qui s'est passé pour la fraction placée a été normal, régulier et licite de la part du banquier et de l'intermédiaire, quant aux bénéfices.

XXIX

Ce qui n'est, par contre, ni normal, ni régulier, ni licite, c'est le prélèvement clandestin, par Probst, de 6 °/₀, soit de *1,557,360 francs* sur les 25,960,000 francs. — Or, on me rend responsable, moi intermédiaire du traité, moi qui n'étais rien dans la Compagnie, moi à qui Probst devait naturellement cacher un tel acte, on me rend responsable de cet acte commis en dehors de moi, à mon insu, et, pour y arriver, on assimile le caractère de mon bénéfice légitime au caractère de la commission clandestine de Probst par un groupement habile de chiffres inexacts.

Ce qui n'est, non plus, ni normal, ni régulier, ni licite, c'est le prélèvement de plusieurs millions par le général Frémont, Gauldrée-Boileau et Auffermann, sur les 60 % net en or, remis intégralement par le banquier à la Compagnie, et pour un autre emploi certes. Pense-t-on que si Paradis eût su qu'il faisait une émission dont le produit devait aller dans la poche de tels et tels, il eût consenti à la faire? Pense-t-on que le général Frémont lui a écrit qu'il s'approprierait 3 millions? qu'Affermann lui a écrit qu'il s'approprierait 1 million? que Gauldrée-Boileau lui a dit qu'il se ferait rembourser 248 bonds sur l'argent de la Compagnie? — En quoi le banquier est-il responsable de ces actes qui, tous, se sont produits postérieurement à l'exécution du mandat d'émetteur qu'il avait accepté et en arrière de lui? Et, à plus forte raison, en quoi moi, simple intermédiaire du traité, puis-je être responsable de ces actes?

Ce qui n'est, non plus, ni normal, ni régulier, ni licite, c'est le gaspillage des fonds, c'est l'envoi du matériel qu'on laisse pourrir à la douane de la Nouvelle-Orléans, c'est la destination donnée à une partie de ce matériel, payé avec l'argent des obligataires du Memphis-Pacific et consacré au chemin de

Costa-Rica. Mais ai-je su tout cela? Me l'a-t-on dit? Croit-on qu'on m'a demandé conseil? Étais-je administrateur? Étais-je même commis, employé dans l'administration, c'est-à-dire placé de façon à connaitre indirectement ces actes divers? Non.

Et enfin quel rapport, quelle corrélation, quelle similitude y a-t-il entre ces faits coupables, ces détournements, ces commissions clandestines, ces gaspillages administratifs et le bénéfice de 2 °/₀ formulé par moi à ciel ouvert, dans un traité, payables par le banquier, en dehors des fonds de la Compagnie?

XXX

Le jugement continue :

« Attendu que *ces mêmes traités* obligeaient, « d'un autre côté, les agents de la Compagnie à « obtenir la cote des bonds à la Bourse de Paris, et « *mettaient Crampon, Paradis* et son cointéressé « Poupinel *dans la nécessité d'assurer, par une* « *très-grande publicité, le placement des valeurs* « *achetées par eux.* »

D'abord, que sont *ces mêmes traités?* Je n'en connais qu'un relatif à l'émission, celui du 17 août 1868. Le jugement le dit lui-même plus haut.

Ensuite, qu'y a-t-il de délictueux à faire de

l'examen et de l'approbation préalables d'une valeur par les agents de change et par le ministre des finances la condition formelle de l'exécution d'un contrat de placement? Mais loin d'être un délit, c'est un acte de prudence, de sagesse. Ce qui est un délit, c'est d'avoir fourni un certificat faux de la cote de New-York, c'est d'avoir fourni à la Chambre syndicale des renseignements mensongers. Mais s'imagine-t-on que lorsque Paradis a exigé la cote comme condition qu'il consentît à s'occuper du placement des bonds, il ait dit aux agents de la Compagnie américaine que la cote qu'il demandait était une cote obtenue par des moyens frauduleux? Et, pour revenir à ce qui me concerne, moi qui ne me suis livré à aucune démarche à propos de la cote, moi que M. Roland-Gosselin, le rapporteur de la Chambre syndicale, M. Béranger, agent de change, M. Faure, secrétaire de la Chambre syndicale, ont déclaré *ne pas même connaître de vue*, qu'ai-je à voir dans l'exécution faite *malhonnêtement* par les agents de la Compagnie d'une clause *honnête* formellement stipulée par le banquier?

XXXI

Enfin, que signifie cet accouplement de mon nom au nom de Paradis (le mien même étant mis en tête parce que Paradis n'est plus là et que je dois payer pour lui) dans cette phrase : « Messieurs Crampon et Paradis *dans la nécessité d'assurer par une* « *très-grande publicité* le placement des valeurs achetées par eux? » — Cela signifie que, de même que, plus haut, le jugement accouplait mon nom à ceux de Probst, de Frémont, d'Auffermann et de Gauldrée-Boileau, en assimilant mon légitime bénéfice à leurs prélèvements illicites, de même il faut accoupler mon nom à celui de Paradis, pour m'impliquer dans la publicité?

Le traité du 17 août 1868, que j'ai transféré à Paradis le jour même, n'imposait de publicité grande ou petite à qui que ce soit. Le mot *publicité* ne s'y rencontre pas une seule fois. L'exigence même de la cote officielle par Paradis excluait forcément toute idée de publicité. Pour une valeur qui se place par la Bourse et qui y est cotée, on ne fait pas d'annonces, on ne fait pas d'affiches, on ne fait pas de prospectus. C'est là une notion élémentaire. — Paradis, quand il a accepté le traité, ne comptait pas se servir du procédé de la publicité, cela ressort de la clause de la cote, et il ne se fût jamais servi de ce procédé si la Compagnie eût exécuté à la lettre la clause stipulée au traité de *n'avoir que des bonds de mille dollars*, avec faculté réservée au banquier de fractionner lui-même sous forme de CERTIFICATS REPRÉSENTATIFS un certain nombre de ces bonds de mille dollars déposés comme garantie des acheteurs de certificats fractionnés dans quelque grande société de crédit. Alors le banquier n'eût pas eu besoin de la publicité, puisque dix *certificats représentatifs* eussent toujours été échangeables contre UN BOND COTÉ (de 1,000 dollars). — Ce qui a rendu la publicité indispensable au banquier pour l'émission, c'est que la Compagnie, au lieu de rester dans la lettre du traité, a jugé à propos de faire elle-même des bonds de cent dollars non cotés, lesquels ne jouissaient point, par cela même qu'ils émanaient de la Compagnie, de la faculté d'être échangeables à la Bourse, à raison de 10 pour *un*, contre un bond de 1,000 dollars *coté*, faculté qu'eussent possédée les certificats fractionnés que Paradis s'était réservé d'émettre avec dépôt préalable de titres cotés de 1,000 dollars, comme garantie, dans une grande Société de crédit. — Comme les bonds de cent dollars de la Compagnie n'étaient pas cotés, comme ils n'étaient pas échangeables, à raison de *dix* contre un, sur le marché, il fallait bien ou ne pas exécuter le traité, malgré le contrôle de solidité et d'authenticité que la Chambre syndicale et le Ministre venaient d'accorder à la valeur, ou bien recourir à l'unique procédé connu pour placer des titres qui ne sont pas susceptibles d'être négociés sur le marché, au procédé de la publicité.

Il est donc inexact de dire que le traité impliquait « une très-grande publicité. » — Tout au contraire, il excluait toute intention de publicité par la clause de la cote d'abord, puis par la clause du fractionnement des bonds en *dixièmes représentatifs* à opérer par le banquier. — Les gens de loi déclareront que tout cela est subtil. Il n'y a pas un homme de banque, depuis M. Rothschild jusqu'au plus humble changeur, qui ne soit forcé de reconnaître combien au contraire tout cela est exact. Non ! la publicité n'était pas prévue par Paradis; elle était si peu prévue par Paradis, en signant le traité du 17 août 1868, que si on lui eût imposé la publicité, il eût refusé le traité. Et je le prouve. Je mets au défi de trouver dans les journaux, antérieurement au 17 août 1868, une annonce d'une émission quelconque lancée par la maison Paradis. — Que M. Sourigues, ce Fouquier-Tinville amateur, fouille les collections de tous les journaux! il y perdra son temps et sa peine. M. Paradis n'a placé que des valeurs cotées jusqu'à la fin de 1868, et il les plaçait sans annonces de journaux, sans affiches, par la Bourse ou dans sa propre clientèle. Il n'a commencé à employer le système de la publicité que lorsqu'il a eu la fâcheuse idée d'émettre des valeurs non cotées. C'est parce que le Trouville n'était pas coté qu'il a fait la publicité du Trouville. C'est parce que les bonds de cent dollars n'étaient pas cotés et exclusivement à cause de cela qu'il a eu recours à la publicité pour le placement du Transcontinental.

Evidemment, si la publicité a été délictueuse, elle reste délictueuse, quelque soit le motif qui ait déterminé l'emploi de ce procédé de placement. Le motifde ce choix du mode de placement n'absoudrait pas les fautes commises à ce propos. Seulement, pourquoi inventer une préméditation de délits, en admettant qu'il y ait eu des délits commis par le banquier dans la publicité ? Pourquoi supposer que le traité mettait Paradis « dans la nécessité d'assurer par une très- « grande publicité le placement des bonds », alors que le traité n'impose aucune publicité, ne fait pas même allusion à l'emploi de la publicité et exclut péremptoirement l'idée qu'on veuille se servir de ce procédé, par *deux* clauses qui sont en contradiction avec toute idée de placement des bonds par l'annonce?

Le jugement a accolé mon nom à ceux des agents de la Compagnie, sans dire pourquoi, pour m'impliquer dans les détournements, gaspillages, prélèvements illicites commis par ces agents de la Compagnie, et *m'y associer implicitement*.

Le jugement a accolé mon nom à celui de Paradis sans dire pourquoi, pour m'impliquer dans les délits de publicité qu'on impute à Paradis, et *m'y associer implicitement*.

XXXII

Le jugement va faire mieux encore. Il va accoler mon nom à celui de M. Gauldrée-Boileau, le consul de France à New-York, afin de *m'associer implicitement*, à la sourdine, aux délits qu'on impute à M. Gauldrée-Boileau et aux agents de la Compagnie, soit à propos des marchés passés avec les constructeurs, soit à propos de la cote.

Lisez plutôt. A la suite des passages de jugement que j'ai cités, le premier paragraphe où mon nom soit indiqué de nouveau, est celui-ci :

« Attendu qu'à New-York, et malgré la présence « et l'intervention de Gauldrée-Boileau, qui avait à « peine quitté Paris depuis deux mois, y *avait vu* « *Crampon* et qui comptait assez sur le succès de l'af- « faire, pour avoir, avant son départ, indiqué à Probst « l'emploi des 750,000 francs, à provenir de sa com- « mission, etc. (*Suivent les détails relatifs à la fausse* « *cote américaine.*) »

Ce : « Y avait vu Crampon » est gros d'insinuation à mon endroit. Crampon et Gauldrée-Boileau, les choses étaient ainsi présentées, sont deux compères qui se sont concertés pour préparer toute la série de faits coupables commis à New-York par les agents de la Compagnie, C'est parce que Gauldrée-Boileau « a vu Crampon à Paris » que Gauldrée-Boileau compte assez sur le succès de l'affaire, pour avoir indiqué à Probst l'emploi des 750,000 francs à provenir de sa commission. C'est donc Crampon qui est le machiniste, étant à la fois ainsi auteur, acteur, comparse, décorateur, souffleur, allumeur de quinquets, distributeur de billets ; il est partout, ou, pour être plus exact, on fourre son nom partout, même lorsque c'est absurde, même lorsque les dépositions, les témoignages, les faits démontrent l'évidence de cette absurdité. Paradis n'étant plus là, ne faut-il pas, pour l'accusation, que Crampon devienne le grand manœuvrier de l'affaire, le protagoniste du scenario ?

Or, la vérité, c'est que ce n'est pas Gauldrée-Boileau qui est allé voir Crampon, c'est Crampon qui est allé voir Gauldrée-Boileau comme consul général de France aux États-Unis, pour en avoir des renseignements. La vérité, c'est que l'entrevue (elle a eu lieu à Versailles), a duré *cinq* minutes. La vérité, c'est que Gauldrée-Boileau a une imagination aisément inflammable s'il a pu déduire de la susdite entrevue qu'il pouvait « compter sur le succès de « l'affaire », puisque l'entrevue avait lieu avant que je cherchasse un banquier et précisément, à titre d'information générale et de référence honorable, pour savoir du représentant officiel des intérêts français à New-York, si l'affaire méritait *que je me dé-*

rangeasse pour chercher un banquier. — La vérité enfin, c'est que je n'ai vu Gauldrée-Boileau que cette fois-là, puis, neuf mois après, une autre fois chez Lissignol! La vérité, c'est qu'il n'y a eu aucune relation suivie entre nous ; la vérité, c'est qu'il ne m'a jamais écrit, et que je ne lui ai jamais écrit. La vérité, c'est que rien n'a, soit brusquement, soit lentement, raccourci la distance qui séparait et devait séparer, dans deux entrevues de hasard, deux inconnus, dont l'un était consul général de France, commandeur de la Légion d'honneur, dont l'autre était moi, présenté par M. Lissignol comme un simple intermédiaire en relation avec diverses maisons de banque.

Cette insinuation faite, mon nom disparaît du jugement pendant une colonne. Mais chaque fois que le jugement dit : « les prévenus, » soit qu'il fasse allusion aux actes relatifs au faux certificat, aux démarches pour la cote de Paris, à la substitution du mot *Transcontinental* au mot Memphis-Pacific, à la conclusion des traités de construction créant faussement l'intérêt français, à la corruption prétendue d'agents intermédiaires, le jugement se garde bien de dire : « les prévenus *moins Cram-* « *pon.* » Il dit : « les prévenus » tout court. Ne faut-il pas que Crampon paraisse avoir tout su, avoir été mêlé à tout?

XXXIII

Signalons une autre erreur où mon nom n'est pas prononcé, mais dont la conséquence est de charger Paradis l'émetteur. Or, comme Paradis est mort, et que c'est moi qui doit payer pour Paradis, charger Paradis, à propos de l'émission, c'est me charger. Voici cette erreur :

« Attendu qu'ils invoquent en vain leur bonne « foi quand on les voit, d'une part..... et, d'autre « part, fractionner, *après une demande d'admission « à la cote, les bonds de 1,000 dollars en coupures,* « allant chercher plus particulièrement les petits « capitalistes. »

Mais il n'y a pas eu de fractionnement de bonds de 1,000 dollars, ni avant la demande d'admission, ni après cette demande; il n'y en a jamais eu et j'ai expliqué plus haut que c'était précisément parce que la clause de ce fractionnement demandé par Paradis n'avait point été exécutée par la Compagnie, que Paradis avait dû recourir, pour les bonds de 100 dollars, au mode de placement par la publicité, mode de placement non prévu par le traité du 17 août 1868.

Mais il n'y a pas eu de fractionnement de bonds,

ni après la demande de la cote, ni même avant, et il ne pouvait pas y en avoir puisque les bonds de 1,000 dollars, de 500 dollars et de 100 dollars sont numérotés de 1 à 47,000, un à un, dans l'ordre suivant :

N° 1 à n° 3.800 (bonds de 1.000 dollars),
N° 3.801 à n° 5.800 (bonds de 500 dollars),
N° 5.801 à n° 7.800 (bonds de 100 dollars),
N° 7.801 à n° 9 000 (bonds de 1.000 dollars),
N° 9.001 à n° 47.000 (bonds de 100 dollars),

et PUISQUE CES NUMÉROS **sont inscrits dans les actes hypothécaires,** dont l'un est de 1867 et l'autre de 1868. — Les titres sont là, d'un côté; les titres hypothécaires sont là aussi d'un autre côté; qu'on compare et qu'on voie enfin cette vérité éclatante comme *deux et deux font quatre* que personne n'a fractionné ni pu fractionner de bonds, soit avant, soit après l'admission à la cote, — qu'il est regrettable même que ce fractionnement n'ait pas eu lieu, et que ce qui s'y est opposé c'est la préexistence même des bonds numérotés, sous la forme et sous le numérotage que j'indique ci-dessus.

Mais c'est précisément parce que les bonds n° 1 à n° 3800 étaient de 1,000 dollars que la Chambre syndicale a accordé la cote à 3,800 bonds de 1,000 dollards. Si le numérotage stipulé aux actes hypothécaires eût indiqué, à partir du n° 1, des bonds de *cent* dollars, soit 38,000 bonds de 100 dollars numérotés de 1 à 38,000, c'est aux bonds de CENT dollars et non aux bonds de MILLE dollars que la cote eût été accordée.

Mais c'est précisément et toujours parce que la disposition et le numérotage sont indiqués dans les actes hypothécaires, qui datent de 1867 et de 1868, et qu'aucune puissance humaine ne pouvait les changer, que les agents de la Compagnie ont dû se contenter de la cote sur 3,800 bonds de 1,000 dollars (soit sur 3,800,000 dollars), alors que la première série à laquelle la cote était accordée comprenait 7,800 bonds (représentant 5 millions de dollars).

Ce n'est pas en effet aux 3,800 bonds de 1,000 dollars que, tout spécialement et en raison de priviléges à eux attachés, la Chambre syndicale a accordé la cote ; c'est A LA TOTALITÉ DES TITRES DE LA PREMIÈRE SÉRIE (reproduisant 5,000,000 de dollars, dont 3,800,000 dollars en titre de *mille*, 1,000,000 de dollars en titres de *cinq cinq*, 200,000 dollars en titres de *cent*) que la Chambre syndicale et le ministère ont attribué des qualités suffisantes à justifier la cote. Et, en effet, cette première série tout entière repose sur un acte hypothécaire unique (daté de 1867). Le gage est collectif pour les obligations du numéro 1 ou numéro 7,800. Il y a solidarité entre tous ces 7,800 titres, qu'ils soient de *mille* ou de *cent* ou de *cinq cents.* Et si les agents de change n'ont coté que du numéro 1 au numéro 3,800, c'est qu'ils ne voulaient et ne pouvaient compliquer la cote de *trois* lignes distinctes, à propos d'une valeur dont la circulation totale officielle ne devait pas dépasser provisoirement 5 millions de dollars.

XXXIV

Nous arrivons enfin à la portion du jugement relative à la publicité. Je n'ai pas signé de traités d'annonces, impossible de me nommer à propos de ces traités.

Mais le jugement se dédommage ainsi de cette impossibilité.

Les traités de publicité passés par Paradis avec les journaux sont du 3 avril 1869 (c'est le jugement qui indique cette date). Le jugement flétrit la clause qui devait exclure tout journal qui se livrerait à des critiques, du bénéfice de la publicité, et il ajoute :

« Attendu que la parole des journaux ainsi re-
« quise et leur silence payé, la publicité devient entre
« les mains de la Compagnie, de Probst et Lissignol
« et des prévenus Crampon et Poupinel (Crampon
« remplace ici Paradis mort) un véritable monopole

« de mensonges et une odieuse spéculation sur la « crédulité publique. »

Les traités de publicité sont du 3 avril et pour prouver que Crampon a participé aux conséquences de ces traités du 3 avril qui, dit-on, enchaînaient la presse, et qui en réalité n'enchaînaient que les journaux assez malhonnêtes pour préférer le produit d'une annonce à leur conscience, pour prouver cela, le jugement incrimine quoi? Un article du journal belge la *Finance* du 18 mars précédent.

Cet article de la *Finance* du 18 mars est le seul fait, le seul qui soit indiqué, précisé, dans ce long jugement, *le seul!!!*

Or cet article est une correspondance de trente lignes, envoyée à Bruxelles le 16 mars, disant : « On « vient de coter telle valeur » et donnant sur cette valeur des explications, non pas personnelles, non pas émanées de moi, mais une citation textuelle du premier alinéa du travail fourni par la Compagnie au banquier, dix mois auparavant, à l'époque du traité du 17 août 1868. Que dis-je? Une citation! non pas même! mais la reproduction d'une coupure faite avec les ciseaux dans ce travail qui avait été imprimé à 25 exemplaires (dont 20 exemplaires subsistent encore), la reproduction avec les mêmes fautes typographiques, les mêmes erreur de ponctuation, ce qui prouve que je n'ai pas même lu cette coupure que je collai avec un pain à cacheter à la suite de cette

nouvelle : « On vient de coter une nouvelle va-
« leur, etc. »

Un article! et quel article! Un article publié le jour de la cote, deux mois avant la souscription publique, alors que j'ignorais même si Paradis exécuterait, oui ou non, le traité de placement signé par lui en août 1868 ! C'est le seul acte qui me soit personnel, *le seul*, qu'on rencontre dans la lecture du jugement. Un article !!!

Et le jugement conclut :

« Attendu que Crampon **a été l'âme de la**
« **publicité.** (Textuel !)

XXXV

Il est établi que :

1° C'est de Probst et Lissignol que vient l'exposé soumis au banquier ;

2° Que les traités de publicité ont été signés par Paradis et que les annonciers ne m'ont jamais vu ;

3° Que les cartes ont été dessinées par Lissignol ;

4° Que Paradis n'avait besoin de moi ni pour sa publicité, ni pour son journal, ayant un personnel *ad hoc* ;

5° Que, depuis la fondation du *Moniteur des Tirages*, aucune personne de la maison, ni le gérant du journal, ni les rédacteurs, ni le secrétaire de M. Paradis ne m'ont vu y écrire, sauf un article, un jour que Paradis était souffrant;

6° Que toute la publicité du Transcontinental a été rédigée par M. Mathorel, qui le reconnaît;

7° Qu'aucun traité d'affichage, aucune commande de prospectus et de circulaires n'a été faite par moi lors de l'émission ;

8° Qu'enfin je n'avais aucun droit à m'immiscer dans les actes du banquier Paradis, devenu seul responsable vis-à-vis de la Compagnie de l'exécution ou de la non-exécution du traité du 17 août 1868 (cette clause y est formellement stipulée et constitue le dernier article du traité) ou de la façon dont l'exécution avait lieu.

Tout cela est établi.

Tout cela démontre que ce n'est pas comme intermédiaire du traité du 17 août 1868 entre la Compagnie et le banquier, que j'ai envoyé à la *Finance* le seul article que le jugement relève à ma charge, *mais parce que j'étais nouvelliste*, parce j'étais correspondant de la *Finance*, parce qu'il eût fallu un parti pris de ne pas parler de l'affaire dont j'étais l'intermédiaire (parti pris qui eût été au contaire un indice révélateur à ma charge que je supposais l'affaire mauvaise et que je pouvais redouter les conséquences de mon concours) pour m'abstenir d'envoyer à un journal étranger dont j'étais le correspondant la nouvelle qu'on avait admis à la cote une valeur à propos de laquelle j'avais été intermédiaire entre la Compagnie et un banquier.

Tout cela démontre que mon rôle dans la publicité n'a pas dépassé *les limites très-restreintes que m'imposait ma profession de nouvelliste* et que m'imposait ma confiance dans une affaire dont on m'avait chanté merveille, dont les fidéicommissaires comptaient un ambassadeur à Saint-Pétersbourg et un gouverneur d'Etat, et dont les administrateurs avaient pour président une illustration militaire et politique, un homme qui avait été deux fois candidat à la présidence des États-Unis et n'avait échoué que de quelques voix.

Tout cela démontre que dans ce concours restreint, donné à titre de nouvelliste de bonne foi, le caractère d'intermédiaire du traité intéressé à son exécution n'intervient en quoi que ce soit.

Peu importe!

Paradis est mort! Il faut que je le remplace, comme bouc émissaire!

Donc, dit le jugement, j'ai : « **été l'âme de** « **la publicité.** »

Le jugement relève un article. Je n'en ai fait que trois, dont un signé par Paradis, écrit sous sa dictée et sous sa responsabilité. Restent deux articles dont un seul est relevé par l'accusation. Tous les autres journaux politiques et financiers en ont publié bien davantage. Il n'importe.

J'ai tondu de ce pré la longueur de ma langue.
Je n'en avais nul droit, puisqu'il faut parler net.

Moi je dis : « J'en avais le droit, j'usais de mon « droit de nouvelliste dont ma situation spéciale « d'intermédiaire du traité du 17 août 1868 ne pou- « vait logiquement me faire déchoir. »

Mais, avec droit ou sans droit, je dois être le baudet, je suis le baudet :

. . . . . On cria haro sur le baudet
Ce pelé, ce galeux d'où venait tout le mal.
Sa peccadille fut jugée un cas pendable,
Etc.

XXXVI

Je me résume :

Je n'ai point participé au traité qui autorisait Probst et Gauldrée-Boileau à prélever indûment 6 °/o sur les 60 °/o en or que la Compagnie devait toucher. Je l'ai même ignoré jusqu'au jour de l'instruction judiciaire.

Je n'ai point participé aux démarches faites pour obtenir la cote à New-York.

Je n'ai participé à aucune correspondance entre les agents de la Compagnie à Paris, et les agents de la Compagnie à New-York. Pas une lettre ne m'a été même communiquée.

Je n'ai participé à aucun des actes coupables qui ont précédé ou accompagné ou suivi la fabrication, l'envoi et l'usage du certificat faux de New-York. Et j'ai toujours ignoré l'existence de cette pièce.

Je n'ai participé à aucune des démarches faites auprès des agents de change de Paris pour obtenir la cote en France.

Je n'ai participé à aucune des démarches faites au ministère des finances dans le même but.

Je n'ai participé ni à la fabrication des cartes, toutes dessinées d'après l'ingénieur Lissignol, ni à la rédaction des annonces, des circulaires et affiches, toutes sorties de la plume de M. Mathorel, chargé de ces soins par M. Paradis.

Je n'ai participé à aucun des traités passés avec des constructeurs pour créer, dit-on, le prétendu intérêt français, à l'aide duquel on espérait obtenir la cote. A plus forte raison, n'ai-je pu participer aux contre-lettres. Les constructeurs ne m'ont jamais vu. Je ne les connais pas.

Je n'ai participé à aucun acte touchant la gestion de l'entreprise. Tous les actes de cette nature, je les ai ignorés et l'on a dû au contraire prendre grand soin de me les tenir cachés, ce qui était facile, puisque je n'avais nul droit à obtenir des explications de la Compagnie sur ses actes d'administration.

Je n'ai participé à aucun détournement, à aucun gaspillage des fonds de la Compagnie, n'ayant jamais *rien reçu d'elle*, et n'ayant reçu que du banquier, sur le bénéfice du banquier, sur des fonds auxquels la Compagnie n'avait aucun droit.

Je n'ai pas touché un centime de plus que je ne devais toucher légalement d'après les engagements du banquier, et légitimement d'après les usages de banque. J'ai touché moins. J'ai touché 435,000 francs d'une part, 200,000 francs de l'autre en à-compte du dixième promis par Paradis qui est mort avant de régler les 80,000 francs complémentaires. Total, 635,000 francs environ, ce qui est loin d'être 775,000 francs comme le dit le jugement, qui ne tient compte ni des 80,000 francs restant dus par Paradis, ni des 60,000 francs attribués par moi à Lissignol, d'après les conventions stipulées par lui, antérieurement au moment où j'ai cherché un banquier (juillet 1868), antérieurement donc au traité du 17 août 1868.

Je n'ai participé à aucun des actes de Frémont, à aucun des actes d'Auffermann, à aucun des actes de Probst, à aucun des actes de Lissignol, à aucun des actes de Poupinei, à aucun des actes de Gauldrée-Boileau.

J'ai été intermédiaire entre une Compagnie et un banquier. C'était permis, c'était licite.

J'ai exigé une renumération *proportionnelle.* C'était permis, c'était licite.

Cette rèmunération était fixée à un chiffre également permis, également licite. Ce n'est pas trop que 635,000 francs comme intermédiaire d'une affaire de 20 millions. C'est beaucoup, c'est assez, mais ce n'est pas trop.

Et pourtant ce sont ces 635,000 francs qui ont enflammé les haines ! « Il a gagné 635,000 francs ! « donc il est coupable. »

Comme individu privé, voilà ce que j'ai fait.

Comme journaliste, j'ai envoyé deux articles à la *Finance* dont un seul est incriminé, je le cite textuellement :

« La Chambre syndicale vient d'admettre à la cote une « valeur américaine de premier ordre, une de ces valeurs dont « le marché de Londres avait gardé jusqu'à ce jour la spécia- « lité, nous voulons parler des *land bonds first Mortgage*, « obligations spéciales hypothécaires, émises par les grandes « Compagnies américaines avec l'assentiment des autorités « fédérales des États-Unis.

« Les *land bonds first Mortgage* admis à la cote de « Paris sont ceux du grand chemin transcontinental Pacifique. « Ils sont de 1,000 dollars et rapportent, comme revenu « 60 dollars payables, *en or*, à Paris, au change fixe 5,15, « soit 309 francs. En un mot, ces titres sont de même nature « que les titres de 1,000 dollars de 6 °/₀ fédéral.

« On les a cotés hier au cours de 78 °/₀ (le dollar étant « compté à 5 francs, comme pour le fédéral). Ce cours de

« 78 °/₀ correspond à 3,900 francs pour le titre nominal de « 1,000 dollars.

« Voici quelques détails sur le chemin transcontinental « du sud des États-Unis :

« Le chemin part de MEMPHIS (État du Tenessee) sur le « Mississipi, et entre dans le Texas, près du *Red River*. Le « chemin s'étendra depuis cet endroit et à l'ouest jusqu'au « *Rio grande del Norte*, en face de la ville d'EL PASO. Cette « ligne court le long de la frontière nord du Texas, sur le « plateau de cet État, dans la partie la plus saine et la plus « favorable à la culture du coton, à l'élève des bestiaux, aux « cultures diverses. Ce plateau est réputé un des plus fertiles « des États-Unis.

« Un embranchement réunira à Texarkana la ligne prin- « cipale avec la ligne de Jefferson, tête actuelle de la naviga- « tion sur le *Red River*, entre le Texas et la Nouvelle- « Orléans.

« Après EL PASO, le chemin traverse les territoires de « l'Arizona, APPARTENANT AUX ÉTATS-UNIS, pour entrer « ensuite dans l'État de Californie et suivre dans toute sa « longueur la vallée de ce dernier État, jusqu'à SAN FRAN- « CISCO.

« La partie entre MEMPHIS et TEXARKANA (États du « Tenessee et de l'Arkansas) est complétement terminée « (500 kilomètres en exploitation).

« A Memphis, la ligne se raccorde avec le chemin de « Memphis à RICHMOND et NORFOLK (sur l'Atlantique), vaste « ligne de 1,550 kilomètres en exploitation depuis longues « années, et qui est achetée et exploitée par la Compagnie « même du Memphis El Paso (1). »

---

(1) Voici la preuve matérielle que la deuxième partie de l'article est une coupure à *coups de ciseaux* de la brochure de M. Lissignol.

Toutes les bètises typographiques du texte imprimé de M. Lissignol sont littéralement et servilement reproduites par l'im-

XXXVII

Suis-je fondé à dire :

Où donc est mon délit?

Et, quant à ma bonne foi, comment la mettre en doute ?

Je gagne 635,000 francs dans une affaire. Je le

---

primeur de Bruxelles. Les mêmes mots en italiques sont en italiques, les mêmes mots en petites capitales sont en petites capitales. Quand le mot Memphis est en petites capitales dans la brochure de M. Lissignol, il est en petites capitales dans l'article de la *Finance*; quand, au contraire, il est en *bas de casse* ou caractères courants, il est aussi en caractères courants dans la *Finance*. Ces mots « APPARTENANT AUX ÉTATS-UNIS, » ajoute naivement à la phrase. « Après El « Paso, le chemin traverse les territoires de l'Arizona, » comme si un *territoire* des États Unis pouvait ne pas appartenir aux États-Unis, comme si un *département* pouvait ne pas être français, un *shire* ne pas être anglais, un *gouvernement* ne pas être russe, ces mots, imprimés ridiculement en capitales dans la brochure de M. Lissignol, sont reproduits en capitales dans l'article de la *Finance*. La virgule *fautive* qui, dans la brochure de M. Lissignol, précède le dernier membre de phrase du dernier alinéa : « en exploi-« tation depuis longues années, et qui est achetée et exploitée par la « Compagnie du Memphis El Paso, » se retrouve servilement reproduite dans la *Finance*. Même remarque pour la virgule *fautive*, placée avant : « et entre ». au cinquième alinéa de l'article : « Le chemin part de MEMPHIS. et entre dans le Texas, etc. » — Même remarque sur les deux virgules *fautives* qui, au sixième alinéa, enserrent les mots : « *sur le Red River* » et donnent un sens ridicule à la phrase. « Un embranchement réunira la ligne avec la ville de « JEFFERSON, tête actuelle de la navigation, sur le *Red River*, etc. »

dis à tout le monde; je le crie sur les toits. Je le laisse publier par les journaux, même avec des amplifications hyperboliques.

Je fais mieux.

Je ne les place pas en valeurs mobilières permettant de les dissimuler.

Non.

J'achète au grand jour une maison à Paris, à la Chambre des criées, publiquement. Le nom de l'acheteur figurera aux annonces judiciaires.

En effet, la ville de Jafferson n'est la tête que de la *navigation sur le Red River*, ce qui n'est pas du tout la même chose. — Même remarque pour la majuscule fautive mise au mot *River* précédé de l'adjectif *Red*. — Même remarque sur l'absence fautive de deux virgules, avant et après les mots : « depuis cet endroit et à l'ouest» du cinquième alinéa. — Même remarque sur la majuscule fautive de « *Grande,* » dans « *Rio Grande del Norte.* » — Enfin les derniers mots : « Memphis El Paso, » imprimés sans traits d'union et en caractères courants dans la brochure de M. Lissignol sont reproduits sans traits d'union et en caractères courants dans la *Finance*. Cette servilité de copie de l'immeur bruxellois, servilité allant jusqu'à reproduire exactement des fautes de ponctuation et des anomalies typographiques touchant au grotesque, fait éclater heureusement au grand jour la véracité de mon affirmation, que je n'ai rien inventé dans l'article et n'ai fait que couper un lambeau, le premier venu, de la brochure M. de Lissignol.

La servilité de reproduction typographique qu'on peut constater dans l'article de la *Finance* est due au hasard. Pour obtenir de l'imprimeur de ce mémoire le texte intégralement exact de l'article de la *Finance*, il m'a fallu exiger de lui qu'il en fît le fac-simile *ne varietur*. C'est pourquoi on retrouve dans la réimpression ci-dessus toutes les anomalies typographiques et les virgules fautives ou oubliées que j'ai signalées dans cette longue note.

J'achète une campagne pour y finir mes jours, publiquement, au vu et au su de tont le monde, une campagne dont le nom est d'autant plus connu du monde Parisien, qu'elle a appartenu à une individualité du théâtre et de la presse, à Marc-Fournier.

Ce n'est pas tout, cette campagne où je comptais finir mes jours, je la développe, j'y fais élever des bâtiments, je la fais meubler par des marchands de bibelots, et tout le monde de dire, dans ce monde, comme dans celui des affaires : « Crampon vient de « gagner une fortune dans une grande affaire. »

Franchement, à moins d'être fou à envoyer à Charenton, un homme qui eût agi de mauvaise foi, un homme qui eût même eu des scrupules ou de *vagues craintes* eût-il agi ainsi? Eût-il immobilisé dans son pays, au vu et au su de tous, le bénéfice par lui réalisé sur une opération véreuse?

C'est AU BON SENS que je demande la réponse.

Pas de participation aux délits commis par mes coprévenus.

Pas de délit spécifié contre moi. L'article de la *finance* du 18 mars n'offrait ni par la date de sa publication, ni par son contenu, les caractères d'une manœuvre.

Bonne foi évidente par la façon dont j'affiche l'emploi et le placement de mou légitime bénéfice d'intermédiaire.

Je le répète :

Où est mon délit ?

Et pourquoi m'improviser le représentant de feu Paradis devant la justice humaine, si ce n'est pour mieux atteindre civilement les héritiers dudit Paradis, lequel étant mort ne peut être frappé par la justice; si ce n'est, comme précédent, par les considérants d'un jugement correctionnel.

FIN.

NOTA. — Définition de l'Intermédiaire. — L'Intermédiaire entre une Compagnie et un Banquier n'a le devoir et le droit de s'enquérir *que* des renseignements généraux à lui indispensables pour parvenir à mettre les deux parties directement en présence. Une fois ce résultat obtenu NI la Compagnie, NI le Banquier ne lui doivent compte de quoi que ce soit, son rôle étant fini et la rémunération qui lui est attribuée s'appliquant exclusivement à ce rôle.

Toutes les émissions, tous les emprunts, toutes les grosses affaires dont se chargent les Institutions de crédit et les Banquiers leur sont toujours apportées par des intermédiaires. Presque jamais une affaire n'est proposée ou demandée directement par une des parties à l'autre. Voici pourquoi :

Une Entreprise, une Compagnie, un État même (s'il s'agit d'un emprunt) ne peuvent offrir de porte en porte, dans une voiture à l'heure, une opération financière. Avant de rencontrer le banquier définitif, il y aurait eu deux, trois, cinq, dix refus à essuyer préalablement, par cette raison que la Compagnie ou l'Entreprise ou l'État, ne jouissant pas du don du seconde vue, ne saurait posséder la certitude de frapper de suite et du premier coup à la porte du banquier qui acceptera leurs propositions. La conséquence de ces refus serait que l'affaire serait attaquée, ridiculisée et démonétisée dans l'opinion avant même de voir le jour, chaque banquier qui aurait refusé se vantant d'avoir refusé, pour tels et tels motifs, afin d'empêcher le succès de son concurrent plus intelligent et plus hardi !

Par l'Intermédiaire, on obvie à cet inconvénient. L'Intermédiaire est *désavoué*, quand besoin est. Il est *désavouable* parce qu'il est *irresponsable* et VICE VERSA. Qu'un banquier se vante d'avoir refusé une opération, la Compagnie oppose un démenti *formel* et SINCÈRE, puisqu'elle ne s'est jamais adressée à ce banquier directement, ni donné mandat à l'intermédiaire de s'y adresser. La Compagnie ignore tous les banquiers qui ont refusé sur un premier examen général, elle ne connaît que le banquier définitif qui consent à entrer en relations directes avec la Compagnie. Sans doute, celui-là est libre de refuser si les renseignements et documents à lui fournis par la Compagnie ne répondent pas aux aperçus généraux que lui avait donnés l'intermédiaire ; mais du moins le *risque* de l'inconvénient indiqué plus haut est considérablement diminué.

Avant le Transcontinental, jamais il n'était venu à l'idée de la justice d'impliquer dans les poursuites l'intermédiaire d'une affaire, Quand on a poursuivi le Trouville, tout récemment, on n'a pas poursuivi l'intermédiaire qui avait mis M. Cordier et M. Paradis en présence. Quand on a poursuivi la *nouvelle* Société d'Enghien, on n'a pas poursuivi l'intermédiaire qui avait mis en présence l'*ancienne* Société d'Enghien et les émetteurs de l'*Épargne*.

Aussi, quand je demande à l'accusation si c'est l'intermédiaire qu'elle poursuit, elle répond : NON.

Mais si j'étais intermédiaire dans le Transcontinental, *par accident*, j'étais correspondant, *par métier*.

Je demande à l'accusation si c'est le correspondant de journaux qu'elle poursuit dans l'exercice de sa profession de nouvelliste. J'ai donné à la *Finance*, comme correspondant, les même nouvelle, le 18 mars, que le correspondant de l'*Indépendance* a donné à celle-ci, le 20 mars. Les renseignements donnés par la *Finance* ont été puisés à la même source que ceux donnés par tous les autres journaux. Considéré isolement et en lui-même, l'article constitue-t-il un délit ? — NON.

Je demande à l'accusation si j'ai participé aux actes

blâmables commis à New-York ou par les agents de la Compagnie à Paris, ou aux prétendus actes blâmables commis par Paradis. L'accusation est forcée de répondre : NON.

Pourquoi donc me poursuivez-vous? « Parce que vous « avez été **l'âme** DE LA PUBLICITÉ. C'est pourquoi mon réqui- « sitoire met partout les noms de Crampon et de Paradis « ensemble, bien que tous les actes de publicité n'émanent que « de Paradis. » AME !!! voilà le grand mot lâché ! Il dispense de toute explication. Comme une âme ne peut pas rédiger d'annonce, ne signe pas de traités avec les journaux, ne dessine pas de cartes géographiques, ne colle pas d'affiches, n'envoie pas de circulaires à domicile, il n'y a plus besoin pour l'accusation de démontrer que j'ai participé à ces divers actes de la publicité ou même à un seul d'entre eux, et il me devient inutile de prouver que jamais je n'ai pu même y participer en quoi que ce soit. — *Une âme ne se manifeste point, en effet, par des actes matériels !* — C'est purement et simplement de la jurisprudence moyen âge et surnaturelle : « Tel troupeau « a été frappé d'épidémie, donc on lui a jeté un sort; vous « passiez près du troupeau quand l'épidémie s'est déclarée, « donc vous êtes sorcier, *ergo* vous serez rôti. »

Mais que dirait le législateur de l'article 405, de cette étrange application du mot *manœuvre?* UNE AME COMMETTANT DES MANŒUVRES !!! (*Manœuvre*, c'est-à-dire œuvre des mains, acte par conséquent matériel, visible, saisissable, palpable aux sens humains.)

N'est-ce pas le cas de rappeler ce mot de l'avocat Paillet : « Il vous fallait un cheval blanc, vous n'en pouviez trouver ; « vous avez alors pris cent petits lapins blancs. Malheureuse- « ment cent lapins blancs ne feront jamais un cheval blanc ! » — Cent inductions ne valent pas un fait.

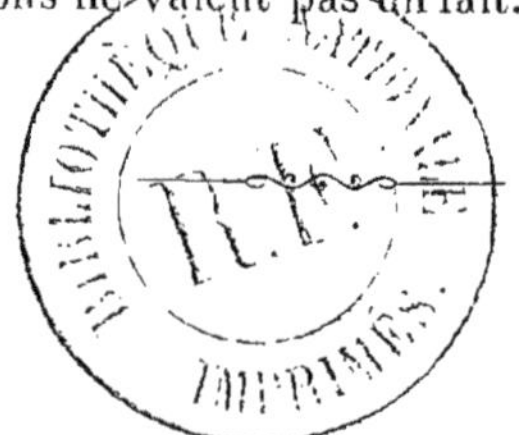

7451. — Paris. — Imp. Ve Éthiou-Pérou, rue Damiette, 2 et 4.

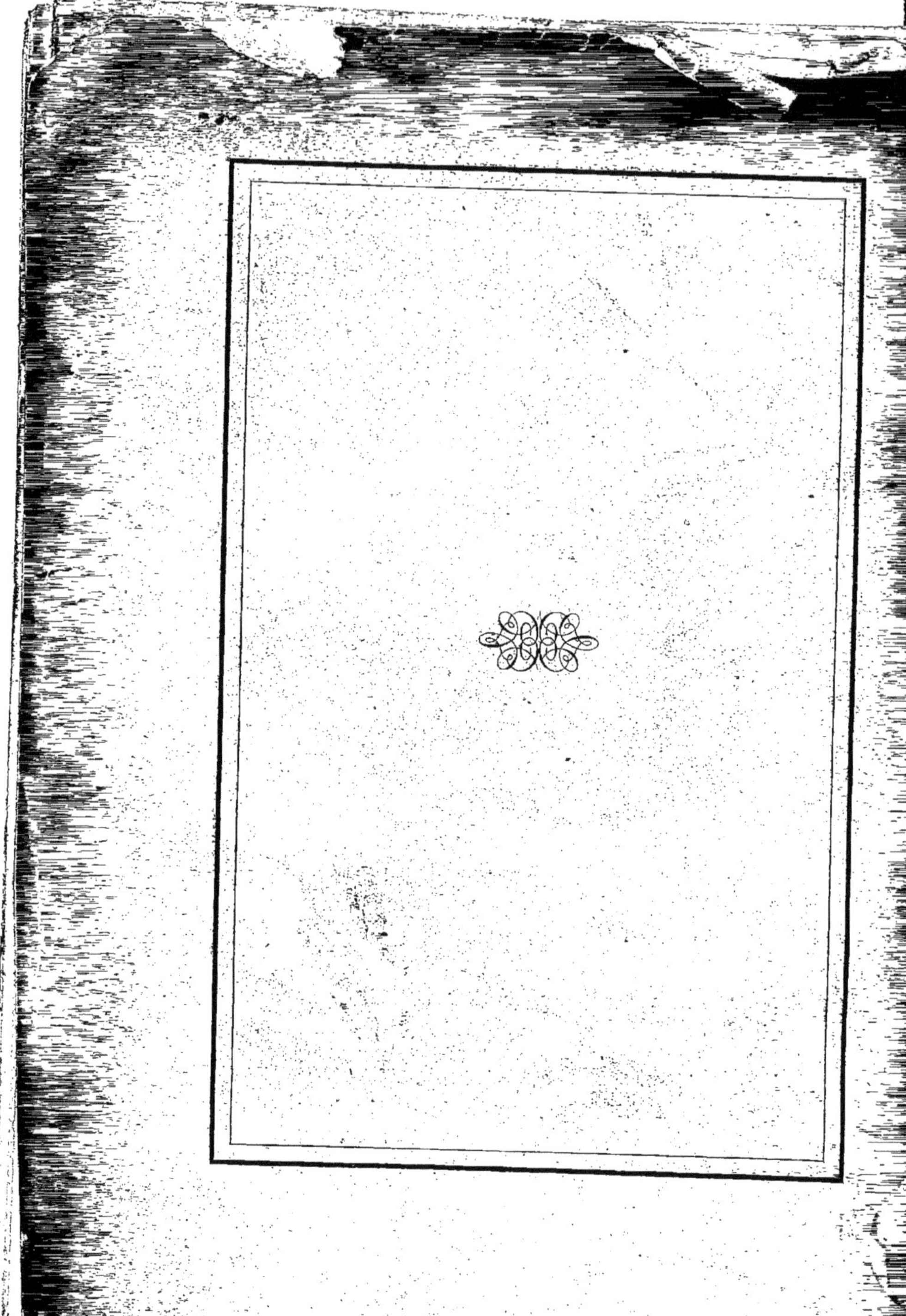

www.ingramcontent.com/pod-product-compliance
Ingram Content Group UK Ltd.
Pitfield, Milton Keynes, MK11 3LW, UK
UKHW012041240726
13965UKWH00003B/946

9 782013 615549